写给设计师的书

TO DESIGNER

C=0 M=35 Y=45 K=0
C=90 M=65 Y=100 K=10
C=25 M=0 Y=5 K=0
C=50 M=20 Y=100 K=0
C=25 M=35 Y=0 K=0

景观
设计手册

王 萍 董辅川 编著

U0211977

清华大学出版社
北 京

内 容 简 介

本书是一本全面介绍景观设计的图书，特点是知识易懂、案例易学、动手实践、发散思维。

本书从学习景观设计的基础知识入手，循序渐进地为读者呈现出精彩实用的知识和技巧。全书共分为 7 章，内容分别为景观设计的原理、景观设计的基础知识、景观设计的基础色、景观设计的类型、植物花卉类型及搭配方式、景观设计的布局方式、景观设计的秘籍。在多个章节中安排了设计理念、色彩点评、设计技巧、配色方案、佳作赏析等经典模块，在丰富内容的同时，也增强了实用性。

本书内容丰富、案例精彩、版式设计新颖，不仅适合景观设计师、环境艺术设计师、室内设计师、初级读者学习使用，而且可以作为大中专院校景观设计、环境艺术设计专业及景观设计培训机构的教材，也非常适合喜爱景观设计的读者阅读。

图书在版编目 (CIP) 数据

景观设计手册 / 王萍，董辅川编著 . —北京：清华大学出版社，2020.7
（写给设计师的书）
ISBN 978-7-302-55580-3

Ⅰ . ①景…　Ⅱ . ①王…②董…　Ⅲ . ①景观设计—手册　Ⅳ . ① TU983-62

中国版本图书馆 CIP 数据核字 (2020) 第 089940 号

责任编辑：韩宜波
封面设计：杨玉兰
责任校对：吴春华
责任印制：丛怀宇

出版发行：清华大学出版社
　　　　网　　　址：http://www.tup.com.cn, http://www.wqbook.com
　　　　地　　　址：北京清华大学学研大厦 A 座　　　　邮　　编：100084
　　　　社 总 机：010-62770175　　　　邮　　购：010-62786544
　　　　投稿与读者服务：010-62776969, c-service@tup.tsinghua.edu.cn
　　　　质量反馈：010-62772015, zhiliang@tup.tsinghua.edu.cn
印 装 者：涿州汇美亿浓印刷有限公司
经　　销：全国新华书店
开　　本：190mm×260mm　　印　张：10.75　　字　数：235 千字
版　　次：2019 年 7 月第 1 版　　印　次：2020 年 7 月第 1 次印刷
定　　价：69.80 元

产品编号：085136-01

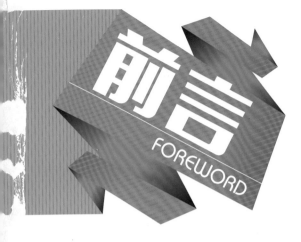

前言
FOREWORD

本书是笔者对多年从事景观设计工作的总结，以让读者少走弯路、寻找设计捷径为目的。书中包含了景观设计专业必学的基础知识及经典技巧。身处设计行业，你一定要知道，光说不练假把式，本书不仅有理论、有精彩案例赏析，还有大量的模块启发你的大脑，提高你的设计能力。

希望读者看完本书后，不只会说"我看完了，挺好的，作品好看，分析也挺好的"，这不是编写本书的目的。希望读者会说"本书给我更多的是思路的启发，让我的思维更开阔，学会了设计方面的举一反三，知识通过消化吸收变成自己的"，这才是笔者编写本书的初衷。

本书共分7章，具体安排如下。

第1章 景观设计的原理，介绍什么是景观设计、景观设计中的点线面、景观设计中的元素。

第2章 景观设计的基础知识，介绍景观设计色彩、景观设计布局、视觉引导流程、环境心理学。

第3章 景观设计的基础色，从红、橙、黄、绿、青、蓝、紫、黑、白、灰10种颜色，逐一分析讲解每种色彩在景观设计中的应用规律。

第4章 景观设计的类型，包括大型规划景观设计、居住景观设计、市政景观设计、商业景观设计、公园景观设计。

第5章 植物花卉类型及搭配方式，主要介绍7种常见植物花卉类型。

第6章 景观设计的布局方式，主要介绍8种常见的景观设计布局方式。

第7章 景观设计的秘籍，精选14个设计秘籍，让读者轻松愉快地学习完最后的内容。本章也是对前面章节知识点的巩固和理解，需要读者动脑思考。

本书特色如下。

◎ 轻鉴赏，重实践。鉴赏类书只能看，看完自己还是设计不好，本书则不同，增加了多个色彩点评、配色方案模块，让读者边看、边学、边思考。

◎ 章节合理，易吸收。第 1~3 章主要讲解景观设计的基本知识，第 4~6 章介绍景观设计的类型、植物花卉类型及搭配方式、景观设计的布局方式等，最后一章以轻松的方式介绍 14 个设计秘籍。

◎ 设计师编写，写给设计师看。针对性强，而且知道读者的需求。

◎ 模块超丰富。设计理念、色彩点评、设计技巧、配色方案、佳作赏析在本书都能找到，一次性满足读者的求知欲。

◎ 本书是系列图书中的一本。在本系列图书中，读者不仅能系统地学习景观设计，而且有更多的设计专业供读者选择。

希望本书通过对知识的归纳总结、趣味的模块讲解，能够打开读者的思路，避免一味地照搬书本内容，推动读者多做尝试、多理解，增强动脑、动手的能力。希望通过本书，激发读者的学习兴趣，开启设计的大门，帮助你迈出第一步，圆你一个设计师的梦！

本书由王萍、董辅川编著，其他参与编写的人员还有孙晓军、杨宗香、李芳。

由于时间仓促，加之编者水平有限，书中难免存在疏漏和不妥之处，敬请广大读者批评和指正。

编 者

目录

第4章
CHAPTER4
P.63
景观设计的类型

第5章 CHAPTER5
P.103
植物花卉类型及搭配方式

第6章 CHAPTER6
P.125
景观设计的布局方式

第7章

CHAPTER7

P.150

景观设计的秘籍

景观设计的原理

景观设计的起源源远流长，发展至今，其已不仅仅是单一盲目的植物搭配，而是人工景观与自然景观的合理结合，风景与园林的合理规划。因此在设计的过程中，应脱离花园和乡村风景的固有理念，将其转化为符合风土人情的艺术设计手段。

1.1 什么是景观设计

　　景观设计是自然景观与人工景观的结合体。通过建筑学、城市规划学、地理学、生态学、环境科学、林学、心理学等科学的专业知识，打造开放性、综合性、整体性、完整性的景观效果。

　　景观设计技巧：

　　◆ 以人为本：景观设计是以创造人与人、人与自然的和谐关系为最终目的的综合性学科，因此为了提升景观对受众的视觉和心理体验，景观设计在美化环境的基础上，更要通过人性化的设计理念，打造符合受众审美，舒适、和谐的景观效果。

　　◆ 注重原生态：原生态环境是指在一切自然条件下生存的景物，是生物与环境之间和谐共处的基础象征。在景观设计中，注重原生态环境的保护与呈现，从真正意义上做到"自然景观"与人工景观的结合，使景观环境更加亲切、自然。

　　◆ 元素多元化：景观设计是一门集合资源、气候、地貌、水源、土壤等自然条件和人文生态、地域特色等综合因素的科学，由于涉及范围极其广泛，因此所应用到的元素会更加多元化。

　　◆ 提倡高科技：飞速发展的高科技已经逐渐涉及各个领域，在景观设计中，高科技的应用能够大幅度地节省资源，打造便捷、人性化的景观效果。

　　点、线、面是最为基本的几何图案，同时也是艺术造型设计中最为基本的设计语言。在景观设计中，将设计元素与点、线、面进行合理结合，通过不同的种类与风格营造出不一样的景观效果。

　　当提到这三种设计元素时，我们会自然而然地联想到"点动成线、线动成面、面动成体"的视觉效果。

　　◆　景观设计中的点："点"是一种相对而言最小的设计元素。在景观设计中，小品、构筑物以及特色设施等均可视为点元素。我们可大致将点分为单独存在的点和集体存在的点。前者在空间中更容易将受众的目光集中于此，起到突出展示的作用。而后者可分为发散和聚集两种形式，发散的点所形成的视觉效果更加开阔，而聚集的点则更加紧凑。

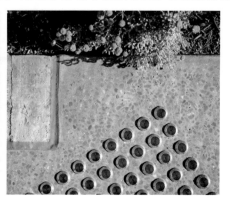

◆ 景观设计中的线："线"是景观设计中应用最为广泛的构成要素，如造型、道路、景观带等，具有向导性和区别性。我们可将线元素分为长与短的对比、虚与实的对比、粗与细的对比、直与曲的对比。

◆ 景观设计中的面：面与点相似，都是相对存在的。在景观设计中，我们可将草坪、广场、森林等大面积的同等风格属性的区域看作点，因此相较于点和线而言，面元素更具视觉冲击力。

1.3 景观设计中的元素

  景观设计是一项非常复杂的设计类别，是服务于所有受众的一项重要工程。因此并不是单一类别或单一元素的结合，通常情况下，景观设计中常见的元素有：色彩、布局、材料、灯光、装饰元素以及气味等。

◆ 色彩：色彩作用于人眼会直击受众的内心情绪。在景观设计中，我们可将色彩分为自然色、半自然色和人工色。色彩的应用与合理的搭配会直接影响到设计的整体效果。

◆ 布局：景观设计讲究"因地制宜"的设计原则，合理的布局方式要充分利用自然条件与生态因素，在做到"景"与"路"连通的基础上，创造出合理、美观且完整的造型布局效果。

◆ 材料：在景观设计中，不同材料的应用所营造出的景观氛围各不相同。例如，石材的应用会给人一种稳固、坚硬的视觉效果。木材则会带给空间一种安稳、平和且更加贴近于自然的视觉氛围。因此，在材料的选择上，应结合景观的整体风格与地域属性，进行综合性的合理选择。

◆ 灯光：景观设计中的灯光具有照明和装饰两大功能。在设计的过程中要注意艺术性与实用性的结合，使其既有利于受众的观赏与活动，又能够起到美化环境、渲染氛围的重要作用。

◆ 装饰元素：单一的植物元素和风格所创造出的景观效果会过于空乏、枯燥。若在景观中加以装饰元素进行点缀，能够起到升华艺术感与设计感的重要作用，使整个空间看上去更加丰富饱满，使人印象深刻。

◆ 气味：景观设计中的气味大多数来源于植物的自然芳香，植物在对空间进行装饰的同时，也通过气味牢牢地抓住受众的心理情绪，营造出温馨、舒适且更加贴近自然的景观效果。

第2章 景观设计的基础知识

　　景观设计是一门建立在广泛的自然科学与人文艺术基础上的综合性学科。为了充分满足人与自然之间关系的协调性，需要将自然景观与人工景观进行有机结合，创造出具有一定社会文化内涵以及审美价值的景物与空间。

　　景观设计的四点设计要素如下。

　　◆　景观设计色彩：色彩是一种具有强烈视觉语言的应用元素，在运用的过程中需遵循色彩学的基本原理，运用色彩之间的组合搭配，创造出和谐、优美的景观效果。

　　◆　景观设计布局：景观设计的工程庞大、复杂，具有较强的综合性。因此，合理的布局与规划能够使整个空间更加合理化、美观化。

　　◆　视觉引导流程：视觉引导是景观设计中不可缺少的一个重要环节，是通过吸引受众注意力的方式引导受众的视觉流程和行进路线。

　　◆　环境心理学：环境心理学的引入对于景观设计来讲，会更加有助于提升人们在空间中的体验感，增强景观的整体设计效果带给受众的安全性、舒适性，带来宜人和富有美感的景观环境。

2.1 景观设计色彩

　　色彩是一种具有联想性的装饰元素，根据研究表明，不同的色彩会对拥有不同社会和生活经验的受众产生不同的情绪和心理效应，因此在景观设计中，色彩的应用会使空间更加丰富多彩和更具有时代气息。

　　在设计中，大致可将色彩分为冷与暖的对比、轻与重的对比、进与退的对比和面积的对比。

2.1.1 景观设计的冷色调和暖色调

冷色调和暖色调是指色彩通过视觉刺激，为受众带来的心理上的冷或暖的感受。通常情况下，人们将绿色调、青色调和蓝色调划分为冷色，根据色彩的联想性，会营造出一种清爽、冰凉、清新的视觉效果；而红色调、橙色调和黄色调为暖色，给人一种温暖、热情、甜美的视觉感受。

冷色调的景观设计赏析：

暖色调的景观设计赏析：

2.1.2 景观设计色彩的"轻""重"感

色彩的"轻"与"重"是由色彩的明度决定的，而色彩的明度，是指一种颜色的明暗程度。色彩较为明亮的高明度色彩相对于色彩暗沉的低明度色彩来讲，会更容易营造出一种"轻"的视觉效果，反之则会营造出"重"的视觉效果。

视觉效果"轻"的景观设计赏析：

视觉效果"重"的景观设计赏析：

2.1.3 景观设计色彩的"进""退"感

色彩的"进""退"感总是在同一空间中相对而言的。低明度或冷色调的色彩在空间中由于其淡然、平稳的色彩属性，更容易产生向后退的视觉效果；反之，高明度或暖色调的色彩通常会在空间中更加抢眼，容易产生向前进的视觉效果。

进退感的景观设计赏析：

2.1.4　景观设计色彩的面积对比

　　景观设计中的面积对比同样也是相对而言的，是一种多与少、大与小之间的对比。在设计的过程中，通过面积的对比更容易突出空间主次、奠定空间的情感基调、调和空间的均衡感。

　　面积对比的景观设计赏析：

2.2　景观设计布局

　　布局是景观设计总体规划的重要步骤之一，根据空间属性、主题、内容等因素，结合选址的具体情况，将空间以不同的布局方式进行呈现。

　　不同的布局方式所营造出的视觉效果各不相同。从特定角度来讲，我们可以将景观的布局方式分为直线型、曲线型、独立型和图案型四种。

2.2.1 景观设计直线型布局

直线型：在景观设计中，我们可以将直线型布局分为有序性直线型布局和无序性直线型布局两种，前者由于其有序的属性会使整个空间看上去更加规整，而后者则相对来讲更加轻松、自由，营造出一种轻松、愉快的空间氛围。

直线型景观设计布局赏析：

2.2.2 景观设计曲线型布局

曲线型：将曲线型布局应用于景观设计中，要看曲线曲率的大小，曲率越大，曲线弯曲的程度就越大，线条所营造出的视觉效果就越活跃、生动，越富有变化感；反之，曲率越小，曲线弯曲的程度就越小，空间氛围就越柔和、平稳。

曲线型景观设计空间布局赏析：

2.2.3 景观设计独立型布局

独立型：景观设计独立型的布局方式会使空间的整体效果更加丰富饱满，同时也更加注重空间的独立性与私密性。

独立型景观设计空间布局赏析：

2.2.4 景观设计图案型布局

图案型：景观设计中的图案型布局，会使空间所营造出的氛围更加浓郁，根据不同空间的定位和属性来选择所要创造出的布局的图形形状，通过图案的不同风格营造出不一样的、充满个性化的景观效果。

景观设计图案型布局赏析：

2.3 视觉引导流程

景观设计是一种以人为主体、建筑为载体的空间设计，在设计的过程中，以水和道路为主体脉络，绿化和小品为装饰元素。由此可见，空间中的任何一个部分都会各司其职，因此在设计景观的同时，要根据每个空间区域的定位对受众进行正确的视觉引导，通过这些合理化的引导方式，指引受众的视觉和行进路线。

通常情况下，景观设计的视觉引导可分为装饰元素引导、符号引导、颜色引导和灯光引导等。

2.3.1 通过装饰元素进行引导

　　在景观设计中，除了采用大量的植物元素对空间进行装饰以外，还可以设计一些景观小品等装饰物对空间进行点缀，在提升空间艺术氛围的同时，还能够对受众进行视觉和行进路线的适当引导。

实例赏析：

　　这是一款光影走廊区域的景观设计。利用弯曲的金属条纹装置构建出一个遮阳结构来覆盖露台，通过光与影的结合创造出独特的装饰效果，风格独特的结构使其自身在空间中尤为突出，在装饰空间的同时，也对受众进行了明确的视觉和行进路线的引导。

■ RGB=89,55,47 CMYK=62,77,78,39
■ RGB=224,168,146 CMYK=15,42,40,0
■ RGB=100,88,20 CMYK=64,61,100,23
□ RGB=240,230,218 CMYK=8,11,15,0

　　这是一款室外凉亭处的景观设计。将螺旋形式的蒸汽弯曲长椅作为空间的装饰元素，通过高矮和不同弯曲程度的对比增强空间的设计感与延伸感。不同方位的连续性的装饰元素使空间的整体效果更加和谐统一。

■ RGB=39,74,61 CMYK=85,62,77,32
■ RGB=172,100,77 CMYK=42,17,81,0
■ RGB=918,158,98 CMYK=19,45,64,0
■ RGB=24,40,52 CMYK=91,82,67,48

2.3.2 通过符号进行引导

　　符号是一种简约且具有较强识别性的引导元素，在景观设计中具有明确的指向性和解释说明性。

　　这是一款度假酒店客房之间的走廊处景观设计。左右两侧的砖墙风格一致，不

加修饰，纹理丰富且贴近自然，在显眼的位置刻制箭头符号及文字进行解释说明，使受众在第一时间能够接收到准确的信息，说明空间属性，明确行进方向。

■ RGB=155,125,65 CMYK=47,53,84,2
■ RGB=194,178,148 CMYK=30,30,43,0
■ RGB=39,45,10 CMYK=80,70,100,56
■ RGB=165,151,157 CMYK=41,42,32,0

2.3.3 通过颜色进行引导

色彩是景观设计中最强有力的装饰元素之一，具有先声夺人的视觉效果，在景观设计中，将色彩作为视觉引导，可以通过色彩之间的差异与对比将区域进行合理的划分，使人一目了然。

这是一款滨水岸边的景观设计。该空间将景观与娱乐融合到一起。在低矮的绿色草坪中设有深红色的区域放置健身器材，在地面上通过明确的颜色对比将区域进行划分，使人一目了然。

这是一款公寓庭院内的景观设计。纵观景观的整体效果，可将空间分为绿植区域、实木色的休息区域和灰色的行进路线，此设计利用大量自然界的色彩将空间区域进行明确的划分。

- RGB=27,41,8 CMYK=84,70,100,60
- RGB=110,32,20 CMYK=53,94,100,36
- RGB=106,71,36 CMYK=58,71,92,29
- RGB=229,217,198 CMYK=13,16,23,0

- RGB=132,137,90 CMYK=57,43,72,1
- RGB=235,232,230 CMYK=10,9,9,0
- RGB=192,151,129 CMYK=31,45,47,0
- RGB=141,104,99 CMYK=53,64,58,3

2.3.4 通过灯光进行引导

灯光是景观设计中重要的装饰元素，具有较高的观赏性和艺术性，有利于氛围的渲染、造型的塑造、视觉的引导和层次的突出等。

这是一款度假酒店夜景的景观设计。每一条通往建筑内侧的道路都被浓密的植物所包围，因此为了能够正确地引导受众的视线与行进路线，在每一条道路两侧均设有暖黄色的灯光，将空间进行照亮的同时，还能够对受众进行引导，一举两得。

- RGB=20,32,227 CMYK=87,75,89,65
- RGB=65,35,22 CMYK=66,82,91,56
- RGB=106,99,90 CMYK=65,60,63,10
- RGB=199,181,101 CMYK=29,29,67,0

2.4 环境心理学

　　景观设计是一门极为复杂的学科，在设计的过程中有诸多因素需要共同考虑，如环境的公共性、局部空间的私密性、整体空间的安全性与实用性、景观效果的宜人性等，然而人类是这些条件的主要受众群体，而环境心理学则是研究环境与人心理活动之间的关系的学科，因此在景观设计的过程中，环境心理学有着举足轻重的作用。

2.4.1 受众在环境中的视觉界限

若想创造出合理且美观的景观效果，首先要了解有限的人眼视觉范围，在景观设计中，充分明确人眼对周遭环境的感受能力，更有助于元素合理化的陈列方式，可有效地突出主体元素，合理地运用辅助元素，使空间的整体效果更加美观、得体。

2.4.2 注重景观设计的系统性

随着景观设计的普及和广泛应用，景观设计的层次和要求也被进一步提升。在设计之前，需要对整体项目进行全面的调查与了解，充分把控景观的整体性，除了主体景观外，还要对空间内若干子系统的风格与设计元素进行合理的统一规划，创造出风格明确、统一且具有观赏价值的艺术景观效果。

2.4.3 图形形状传递给受众的视觉印象

图形形状是景观中重要的设计元素之一，样式简单、种类丰富，根据不同图形形状的展现或组合搭配，能够呈现丰富多变且极具感情色彩的空间效果。

矩形、三角形、直线等：使空间看上去更加有序、平稳、流畅。

圆形、曲线、波浪线等：使空间看上去更加欢快、生动且富有动感。

不规则图形：使空间更具变化效果，增强空间的设计感。

2.4.4　空间环境对受众心理的影响

视觉、听觉、嗅觉、触觉等因素均能影响受众的内心情绪，在景观设计中，不同元素的结合会产生不一样的化学反应，直接影响到受众的心理感受。

第**3**章 景观设计的基础色

　　景观设计中的色彩主要来源于自然景观和人工景观。自然景观是指来自花草树木、天空海洋、高山石头等自然风景的色彩，人工景观则是通过人工的后天对景观的塑造所应用到的色彩，在景观设计中与自然景观色彩相搭配，打造使人身心舒适的景观空间。

◆ 源于自然、崇尚自然。

◆ 美化环境。

◆ 增强园林特色。

3.1 红

3.1.1 认识红色

红色：红色是较为极端的色彩，既有积极意义，又有消极意义，醒目提神，在视觉上给人一种迫近感和扩张感。

色彩情感：兴奋、紧张、激动、喜庆、疲劳、鲁莽、紧张、警告。

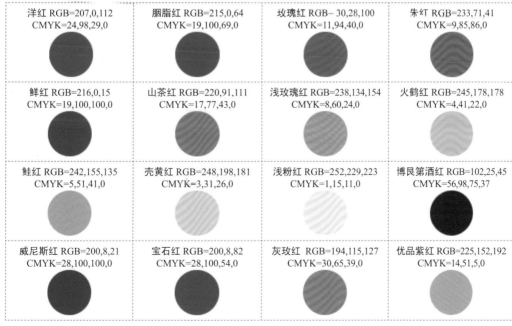

洋红 RGB=207,0,112
CMYK=24,98,29,0

胭脂红 RGB=215,0,64
CMYK=19,100,69,0

玫瑰红 RGB=30,28,100
CMYK=11,94,40,0

朱红 RGB=233,71,41
CMYK=9,85,86,0

鲜红 RGB=216,0,15
CMYK=19,100,100,0

山茶红 RGB=220,91,111
CMYK=17,77,43,0

浅玫瑰红 RGB=238,134,154
CMYK=8,60,24,0

火鹤红 RGB=245,178,178
CMYK=4,41,22,0

鲑红 RGB=242,155,135
CMYK=5,51,41,0

壳黄红 RGB=248,198,181
CMYK=3,31,26,0

浅粉红 RGB=252,229,223
CMYK=1,15,11,0

博艮第酒红 RGB=102,25,45
CMYK=56,98,75,37

威尼斯红 RGB=200,8,21
CMYK=28,100,100,0

宝石红 RGB=200,8,82
CMYK=28,100,54,0

灰玫红 RGB=194,115,127
CMYK=30,65,39,0

优品紫红 RGB=225,152,192
CMYK=14,51,5,0

3.1.2 　洋红 & 胭脂红

① 这是一款艺术博物馆室外的景观设计。

② 洋红温婉灵动，优雅宜人，在大面积的绿色植物中搭配洋红色的花朵对空间进行点缀，在色彩上形成了强烈的对比，可以增强空间的视觉冲击力。

① 这是一款住宅室外楼台区域的景观设计。

② 胭脂红浪漫热情，在郁郁葱葱的植物的衬托下显得更加鲜活、富有感染力。

③ 将两张休息座椅相对摆放，使空间的氛围看上去更加亲切、活跃。

3.1.3 　玫瑰红 & 朱红

① 这是一款植物公园室外的景观设计。

② 玫瑰红是一种浪漫而又温馨的色彩，对每一个有需要的植物都设有玫瑰红色的遮挡物，使空间的色彩清新而又浪漫。

③ 将植物遮挡物在大面积的绿色空间中进行规整有序的排列，使整个空间看上去更加和谐统一。

① 这是一款室外园艺的景观设计。

② 朱红是介于红色和橙色之间的颜色，既有红色的热情又有橙色的活跃，可以打造前卫且夺目的园艺展示空间。

③ 空间将一个个独立的花盆拼接在一起，形成四周低矮、中心处饱满且高挑的布局，打造极具律动感的空间氛围。

3.1.4　鲜红 & 山茶红

❶ 这是一款艺术中心室外景观的空间设计。

❷ 鲜红是一种鲜艳且璀璨的色彩，在空间中耀眼夺目，与来自自然界的草绿色和天蓝色相搭配，营造出自然、亲切的空间氛围。

❸ 空间以"身披红衣的几何体"为主题，将建筑与几何体相结合，创造出层次丰富、强硬且富有动感的建筑空间。

❶ 这是一款餐厅室外庭院的景观设计。

❷ 山茶红是一种温和而优雅的色彩，与自然界中的绿色相搭配，创造出温馨而和谐的空间氛围。

❸ 将山茶红色的墙壁与曲线相结合，营造出柔和、轻快、流畅的空间氛围。并在空间的周围种满清新的植物，使空间整体氛围自然、清新。

3.1.5　浅玫瑰红 & 火鹤红

❶ 这是一款文化展廊鸟瞰图的景观设计。

❷ 浅玫瑰红是一种温顺而又儒雅的颜色，在空间中与鲜艳的红色相搭配，营造出柔和而不失热情、优雅而不失亲切的空间效果。

❸ 空间以线条为主要的设计元素，通过直线之间的连接与交会，打造层次丰富、具有折射效果且硬朗的空间氛围。

❶ 这是一款室外艺术装置的景观设计。

❷ 火鹤红是一种温馨且柔美的色彩，与周围的绿色系草地和植物相搭配，低饱和度的配色方案打造温馨而不失清爽的空间氛围。

❸ 管道金字塔由众多管状结构交织而成，人们可以直接走进塔身，在内部和外部获得不同的体验。

3.1.6 鲑红 & 壳黄红

① 这是一款活动场地跑道处的空间设计。

② 将跑道设置成鲑红色，色彩文雅却不失热情，在四周搭配草绿色的植物，打造清新且充满活力的空间氛围。

③ 在跑道上设有圆形标志和标注性文字，使其具有十足的引导性和说明性。

① 这是一款艺术中心庭院处的景观设计。

② 壳黄红是一种柔和而又甜蜜的色彩，将地面设置成壳黄红，打造温馨、柔和且温暖的空间氛围。

③ 地面以曲线为主要的设计元素，通过线条对空间的区域进行划分，打造柔和且灵活的空间氛围。

3.1.7 浅粉红 & 博艮第酒红

① 这是一款公寓内花园休息区域的景观设计。

② 浅粉红是一种柔和而梦幻的色彩，将休息区域的沙发座椅设置成浅粉红色，并被周围饱满的植物所包围着，打造温馨且自然的休息空间。

③ 空间采用实木材质和理石材质，打造低调而沉稳的空间氛围。

① 这是一款室外楼梯处的景观设计。

② 空间以低明度的博艮第酒红为主色，浓厚深沉，打造沉稳、低调而又平和的空间氛围。

③ 该景观建筑曲折蜿蜒，好似一座巨大的立体迷宫，并利用自然光照使建筑明暗交错，使该建筑既具有层次感，又具有十足的趣味性。

3.1.8　威尼斯红 & 宝石红

❶ 这是一款广场室外休息凉亭的空间设计。

❷ 高明度的威尼斯红鲜艳而热烈，营造出热情奔放、生动活泼的空间氛围。

❸ 由灌木和植被所组成的绿地系统，为该地带来多样性的景观体验。

❶ 这是一款公共区域内艺术装饰的景观设计。

❷ 宝石红是一种温暖而高雅的色彩，使空间的氛围温馨而和谐，与深青灰色相搭配，通过冷色调和暖色调的结合，打造张弛有度的和谐空间。

3.1.9　灰玫红 & 优品紫红

❶ 这是一款监狱室外封闭区域的景观设计。

❷ 灰玫红是一种低明度、高纯度的暖色调色彩，沉稳而又平和，在空间中可以抚慰受众的情绪，并搭配无彩色系中的黑色和灰色，打造平静、从容的空间氛围。

❸ 绿色的植物为空间增添了一丝生机与活力。

❹ 以线条为主要的设计元素，相互垂直、平行的线条营造出规整、有序的空间氛围。

❶ 这是一款室外花园处的景观设计。

❷ 将地面设置为优品紫红色，柔和而温暖的色彩打造浪漫而又温馨的空间氛围。

❸ 利用柔和的曲线将空间的区域进行划分，柔和而又流畅的线条打造轻松舒适的空间氛围。

3.2 橙

3.2.1 认识橙色

橙色：橙色是一种应用较为广泛的颜色，提起橙色，会让人联想到秋天和收获或是餐厅中用以提升受众食欲的色彩，在景观设计中，其鲜艳的色彩会为空间营造出温暖而又活跃的空间氛围。

色彩情感：庄严、尊贵、甜蜜、醒目、响亮、热情、活力、兴奋、温暖、甜美、收获。

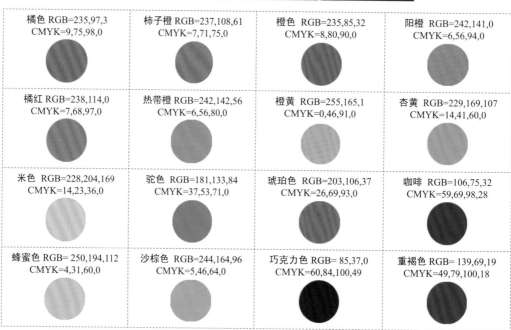

橘色 RGB=235,97,3 CMYK=9,75,98,0	柿子橙 RGB=237,108,61 CMYK=7,71,75,0	橙色 RGB=235,85,32 CMYK=8,80,90,0	阳橙 RGB=242,141,0 CMYK=6,56,94,0
橘红 RGB=238,114,0 CMYK=7,68,97,0	热带橙 RGB=242,142,56 CMYK=6,56,80,0	橙黄 RGB=255,165,1 CMYK=0,46,91,0	杏黄 RGB=229,169,107 CMYK=14,41,60,0
米色 RGB=228,204,169 CMYK=14,23,36,0	驼色 RGB=181,133,84 CMYK=37,53,71,0	琥珀色 RGB=203,106,37 CMYK=26,69,93,0	咖啡 RGB=106,75,32 CMYK=59,69,98,28
蜂蜜色 RGB=250,194,112 CMYK=4,31,60,0	沙棕色 RGB=244,164,96 CMYK=5,46,64,0	巧克力色 RGB= 85,37,0 CMYK=60,84,100,49	重褐色 RGB=139,69,19 CMYK=49,79,100,18

3.2.2 橘色 & 柿子橙

❶ 这是一款中心广场观景台处的景观设计。

❷ 橘色是一种充满活力和创造力的色彩，热情而亮丽、舒适且甜美，高明度的色彩使其能够瞬间抓住受众的眼球。

❸ 空间将绿化与石材结合在一起，你中有我，我中有你，彼此之间相互融合，打造绿色、清新且通过曲线元素的展现而充满律动感的空间氛围。

❶ 这是一款步道走廊区域的景观设计。

❷ 将步道左右两侧的栏杆设置为柿子橙色，清新鲜明，使空间看上去活力十足，搭配实木色，同色系的配色方案让空间整体氛围和谐而统一。

❸ 该空间通过明亮的光照、清新的绿色植物和踏实平稳的实木踏板，打造充满艺术氛围的过道走廊空间。

3.2.3 橙色 & 阳橙

❶ 这是一款公共场地艺术装置的景观设计。

❷ 橙色是一种鲜活、温暖的色彩，色彩饱满且活力十足，在空间中与自然的绿色系相搭配，打造清新且活跃的公共空间。

❸ 将艺术装置悬挂在树冠之上，好似为空间增添了层次丰富的天花板，相互编织交错。采用多孔轻质材料，使该装置更容易受到风和阳光的影响，创造出无限的可能性。

❶ 这是一款室外游乐场周围的景观设计。

❷ 阳橙是一种欢快而又温暖的色彩，色泽明快，明度较高，将其作为空间的点缀色，使其为低调且沉稳的空间增添一丝欢快与活力。

❸ 空间植物种类多样，层次分明，整体氛围自然而又清新。

3.2.4 橘红 & 热带橙

① 这是一款校园内室外水景休息区域的空间设计。

② 将休息座椅设置成橘红色，色彩鲜艳、浓郁、热情且富有活力，为大面积深棕色和深灰色的空间增添一份热情与亲切。

③ 空间丰富饱满，室外水景搭配独特且富有创意的休息空间，打造清新且舒适的休息氛围。

① 这是一款室外走廊区域的景观设计。

② 将右侧的竹帘隔断设置成热带橙色，与周围低调而柔和的色彩形成鲜明的对比，为空间营造出热情且欢乐的空间氛围。

③ 地面布满的鹅卵石装置与左侧不加修饰的石质墙壁形成呼应，使空间的氛围更加轻松、自由，并在地面设置界线分明的圆形石质装饰物，在引导行走路径的同时也与粗犷的材质形成对比，使空间的元素主次分明。

3.2.5 橙黄 & 杏黄

① 这是一款城市中的花园公共艺术装置的景观设计。

② 在花园的中心处设置倾斜的房屋对空间进行装饰，并将其设置为极其鲜亮的橙黄色，打造富有勃勃生机的空间氛围。

③ 倾斜的房屋与平面的草地在视觉上形成鲜明的冲击力。

① 这是一款住宅露台处的空间设计。

② 杏黄是一种介于明与暗之间的色彩，低调且内敛，在室外空间展现能够使整体氛围更加柔和。

③ 棱角分明的界线使空间看上去更加规整。在露台处放置供人休息的座椅，可以增强空间的舒适度。

3.2.6 米色 & 驼色

① 这是一款植物园室内的景观设计。

② 米色是介于驼色和白色之间的颜色，淡雅而温馨，空间将花盆设置成优雅大气的米色，使空间的氛围自然舒适。

③ 将两种植物穿插交替地摆放在空间的左右两侧，清新自然、新颖淡雅，垂落感强，打造出了清新、惬意的空间氛围。

① 这是一款高尔夫俱乐部室外的景观设计。

② 驼色是一种稳重而舒适的色彩，空间整体氛围稳重而不失柔和、低调而又温馨。

③ 建筑的设计灵感来源于约旦天然的沙漠景观和风景壮丽的山脉，蜿蜒曲折、律动感强，搭配粗壮有力的绿色植物，打造充满活力的沙漠景观。

3.2.7 琥珀色 & 咖啡色

① 这是一款住宅外公园处的空间设计。

② 琥珀色是一种浓郁且华丽的色彩，介于黄色与咖啡色之间，在空间中与深灰色的地面和植物的绿色相搭配，打造张弛有度、浓郁中不失清新、自然中不失华丽的空间氛围。

③ 空间以雕塑代替围栏，打造富有动感且层次丰富的空间效果。

① 这是一款公园室外休息区域的空间设计。

② 将休息的座椅设置成咖啡色，通过沉稳低调的配色和绿色植物的展现，使空间整体带给受众无限的安全感。

③ 空间区域界线分明，层次感强烈，通过互相垂直的直线元素打造沉稳严谨的空间氛围。

3.2.8 蜂蜜色 & 沙棕色

① 这是一款住宅外水景区泳池区域的景观设计。
② 空间将隔断设置成蜂蜜色，低明度的色彩温和而平稳，营造出温馨且平易近人的空间氛围。
③ 将立面的直线元素和平面的曲线元素与隔断相结合，使空间的氛围更加柔和、温婉。

① 这是一款商业公园处的景观设计。
② 沙棕色是一种低纯度的橙色，温婉而不失活泼，空间将楼梯的隔断处设置为沙棕色，为自然清新的空间增添一抹温暖且活跃的气息。
③ 将扶手和花坛作为空间的隔断，实用性强且对空间具有装饰作用。

3.2.9 巧克力色 & 重褐色

① 这是一款室外露天体育场的景观设计。
② 暗色调的巧克力色是一种深邃而又浓郁的色彩，为了避免空间过于低沉，利用白色来提升空间色彩的亮度，使空间的色彩氛围更加和谐。
③ 采用高耸的护栏将场地围合起来，并通过弯曲起伏的形态和错落交替而产生的缝隙对空间进行装饰。

① 这是一款室外街道的景观设计。
② 空间将休息的椅子设置成重褐色，平和而沉稳，在空间中搭配蓝色、橘红色和苹果绿色，打造色彩丰富、氛围活跃的街道景观设计。
③ 空间以简单又大胆的设施与色彩使街道充满生机与活力。

3.3 黄

3.3.1 认识黄色

黄色：黄色是一种轻快且充满活力与希望的色彩，在景观设计中，黄色的应用会使该区域变得十分醒目，并向受众传递欢快、积极、兴奋的视觉效果。

色彩情感：明亮、自然、阳光、温暖、欢快、醒目、警告、辉煌、轻快、希望、坦率、活力。

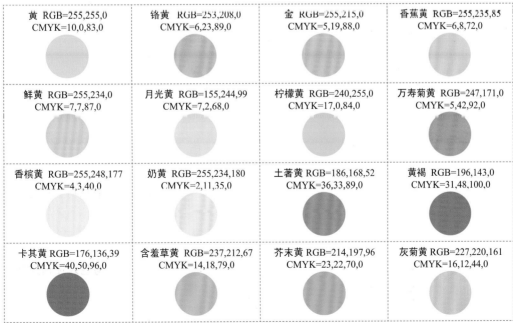

黄 RGB=255,255,0 CMYK=10,0,83,0	铬黄 RGB=253,208,0 CMYK=6,23,89,0	金 RGB=255,215,0 CMYK=5,19,88,0	香蕉黄 RGB=255,235,85 CMYK=6,8,72,0
鲜黄 RGB=255,234,0 CMYK=7,7,87,0	月光黄 RGB=155,244,99 CMYK=7,2,68,0	柠檬黄 RGB=240,255,0 CMYK=17,0,84,0	万寿菊黄 RGB=247,171,0 CMYK=5,42,92,0
香槟黄 RGB=255,248,177 CMYK=4,3,40,0	奶黄 RGB=255,234,180 CMYK=2,11,35,0	土著黄 RGB=186,168,52 CMYK=36,33,89,0	黄褐 RGB=196,143,0 CMYK=31,48,100,0
卡其黄 RGB=176,136,39 CMYK=40,50,96,0	含羞草黄 RGB=237,212,67 CMYK=14,18,79,0	芥末黄 RGB=214,197,96 CMYK=23,22,70,0	灰菊黄 RGB=227,220,161 CMYK=16,12,44,0

3.3.2　黄 & 铬黄

❶ 这是一款广场休闲娱乐区域的景观设计。
❷ 黄色鲜活明快，具有强烈的视觉冲击力，将鲜亮的黄色作为主色，打造活跃而又清新的空间氛围，并搭配清新自然的绿色色块对空间进行装饰，打造活跃灵动的娱乐空间。
❸ 在空间的四周种植规整的绿色植物，在间隔空间的同时，也起到了完美的装饰作用。

❶ 这是一款浮桥装置周围的景观设计。
❷ 铬黄色大胆张扬，与橘黄色和植物的绿色搭配在一起，打造愉悦且兴奋的空间氛围。
❸ 空间通过蜿蜒曲折的步行系统，引导着人们从不同的角度欣赏这美丽的湖光山色。

3.3.3　金 & 香蕉黄

❶ 这是一款咖啡厅室外的景观设计。
❷ 金是一种鲜亮而又活跃的色彩，将室外的遮阳棚设置为金黄色，与大面积的绿色草地搭配在一起，打造具有青春活力的空间氛围。
❸ 空间的绿色植物丰茂而饱满，使整体看上去春意盎然。

❶ 这是一款水上运动中心岸边的景观设计。
❷ 香蕉黄是一种比橙色偏黄绿的黄色，耀眼夺目、鲜亮却不扎眼，在空间中与实木色的地面相搭配，带来活跃且温暖的视觉效果。
❸ 将三个集装箱相互错落堆叠，在空间中形成有趣的几何造型与阴影，可以增强空间的层次感。

3.3.4　鲜黄 & 月光黄

① 这是一款大学校园室外天井内的水景的景观设计。

② 空间将墙面背景设置成鲜黄色,艳丽夺目,使空间的整体氛围鲜亮、活跃且充满个性化。

③ 不同角度的光照能为空间带来不同样式的光影效果,搭配下方通过线条打造的格子元素,使简约的空间看上去丰富且饱满。

① 这是一款室外公共空间雕塑处的景观设计。

② 月光黄是一种清新明快的色彩,活跃却不失柔和,将两个雕塑均设置为月光黄,为空间营造出一种欢快、明亮的视觉效果。

③ 在无边无界的空旷场地中,设置了两个以"合并"和"分离"为主题的雕塑,并通过鲜亮的色彩使空间的氛围更加活跃。

3.3.5　柠檬黄 & 万寿菊黄

① 这是一款林荫道休闲娱乐装置处的景观设计。

② 柠檬黄是一种偏绿色调的黄色,清爽鲜亮,空间将娱乐装置设置为柠檬黄色,营造出活跃、健康的空间氛围。

③ 空间以"'圈'出活跃的城市景观"为设计主题,通过环形元素的叠加使用营造出欢快且充满活力的空间氛围。

① 这是一款公园内人行道周围的景观设计。

② 万寿菊黄是一种高饱和度的黄色系,鲜艳且具有十足的活力,为清新的空间增添一抹鲜亮的色彩,打造鲜活耀眼的空间氛围。

③ 空间将拐角处设置成万寿菊黄,使两个观景平台之间紧密相连,在点缀空间的同时,也起到了视觉引导的作用。

3.3.6 香槟黄 & 奶黄

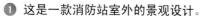

① 这是一款消防站室外的景观设计。
② 香槟黄是一种柔和而温暖的颜色,在沉稳、平和而又空旷的空间中营造出一种平静而又温馨的空间氛围。
③ 空间将墙体和地面的分割线均设置为柔和淡雅的香槟黄,使平稳的空间更加和谐统一。

① 这是一款住宅室外休息区域的景观设计。
② 奶黄是一种儒雅而又清新的色彩,将空间的休息座椅设置成奶黄色,打造温婉、优雅的空间氛围,与清新的绿色植物搭配在一起,使空间的氛围更加清爽宜人。
③ 过道左右两侧郁郁葱葱的植物,在对空间进行分割的同时,也起到了装点的作用,使空间整体看上去更加丰富、饱满。

3.3.7 土著黄 & 黄褐

① 这是一款由大量的花朵组合而成的室外花园的景观设计。
② 土著黄的纯度较低,是一种温和而又低调的色彩,空间由花朵组合而成的大面积的土著黄,搭配清脆、自然的绿色植物,打造出纯净而又温和的室外空间。
③ 以圆形为主要的设计元素,并通过中心位置的水池装置打造自然、活跃的空间氛围。

① 这是一款住宅室外花园区域的景观设计。
② 黄褐色温暖而又醇厚,将空间的隔断设置为黄褐色,与平稳的灰色台阶和清脆的绿色植物相搭配,打造出温馨而又平和的空间氛围。
③ 步行的台阶是一条由花岗岩和石子铺成的石阶小路,规整硬朗,与自然随意的植物形成鲜明的对比。

3.3.8　卡其黄 & 含羞草黄

① 这是一款位于道路交会处的交通景观设计。

② 卡其黄是一种温馨而又平和的色彩，在空间中将艺术装饰设置为卡其黄，通过大面积的卡其黄和大面积的绿色草地为人们带来踏实而又亲切的视觉效果。

③ 艺术装饰高低各不相同，具有"横看成岭侧成峰"的视觉效果。

① 这是一款校园活动区域的空间设计。

② 低饱和度的含羞草黄自然、温和，在空间中作为点缀色，与草绿色和实木色相搭配，营造出自然且充满青春气息的活动空间。

③ 低矮且色彩明快的混凝土座椅为空间带来了和谐且亲切的氛围。

3.3.9　芥末黄 & 灰菊黄

① 这是一款住宅外室外休息区域的景观设计。

② 芥末黄是一种平稳、宁静的色彩，空间将座椅设置成芥末黄，低明度的色彩搭配方案为空间打造平稳、安宁的氛围。

③ 外部空间看上去就像室内一样。远处玻璃门的使用使室内外空间紧密地连接。

① 这是一款工作室住宅的室外景观设计。

② 灰菊黄是一种低调而简约的色彩，景观设计中，灰菊黄的应用使空间充满了柔和与淡雅的氛围。

③ 在室外大面积的弧形区域内种植绿色植物，通过植入种类的区别塑造室外的空间感与层次感，塑造一个自然且富有艺术氛围的室外空间。

3.4 绿

3.4.1 认识绿色

绿色：绿色是与大自然紧密相关的颜色，通常情况下象征着自然、健康与希望，同时也具有舒缓情绪、缓解疲劳的视觉作用。

色彩情感：和平、健康、安全、通透、肯定、环保、希望、自然、春天、生命。

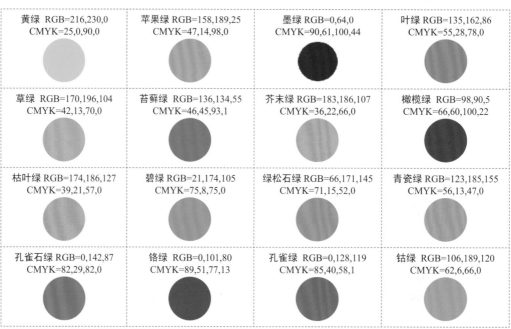

黄绿 RGB=216,230,0
CMYK=25,0,90,0

苹果绿 RGB=158,189,25
CMYK=47,14,98,0

墨绿 RGB=0,64,0
CMYK=90,61,100,44

叶绿 RGB=135,162,86
CMYK=55,28,78,0

草绿 RGB=170,196,104
CMYK=42,13,70,0

苔藓绿 RGB=136,134,55
CMYK=46,45,93,1

芥末绿 RGB=183,186,107
CMYK=36,22,66,0

橄榄绿 RGB=98,90,5
CMYK=66,60,100,22

枯叶绿 RGB=174,186,127
CMYK=39,21,57,0

碧绿 RGB=21,174,105
CMYK=75,8,75,0

绿松石绿 RGB=66,171,145
CMYK=71,15,52,0

青瓷绿 RGB=123,185,155
CMYK=56,13,47,0

孔雀石绿 RGB=0,142,87
CMYK=82,29,82,0

铬绿 RGB=0,101,80
CMYK=89,51,77,13

孔雀绿 RGB=0,128,119
CMYK=85,40,58,1

钴绿 RGB=106,189,120
CMYK=62,6,66,0

3.4.2 黄绿 & 苹果绿

① 这是一款剧院的室外景观设计。

② 黄绿色是黄色与绿色之间的过渡颜色，因此既有黄色的轻快，又有绿色的自然，能够使空间看上去生机盎然。

③ 空间以矩形和直线线条为主要的设计元素，通过相互垂直与平行的设计方式使空间看上去更加规整有序。

① 这是一款豪华住宅室外的花园景观设计。

② 苹果绿是一种清脆而又平稳的色彩，大面积的草地使室外花园空间整体看起来清新而又惬意。

③ 在空间种植大面积的不同类型的植物，颜色清新、艳丽，层次丰富、饱满。

3.4.3 墨绿 & 叶绿

① 这是一款酒店室外庭院处的景观设计。

② 墨绿是一种高纯度的色彩，浓郁深邃却不失高雅，能够营造出沉稳且自然的空间氛围。

③ 庭院以"空中花园"为主题，将植物元素贯穿整个空间，饱满、丰富且富有层次感，与大自然紧密融合。

① 这是一款庭院内的景观设计。

② 叶绿是一种清新且不失柔和的色彩，空间将墙面背景设置为叶绿色，与大量的植物的颜色形成呼应，打造绿色、清新的空间氛围。

③ 在走廊内的地面上设置不同颜色的小色块，能够起到丰富、活跃空间氛围的作用。

3.4.4 草绿 & 苔藓绿

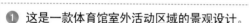

❶ 这是一款体育馆室外活动区域的景观设计。
❷ 将地面的底色设置成草绿色，为秋季布满落叶的小山坡营造出清新而不失淡雅且富有自然气息和勃勃生机的空间氛围。
❸ 地面上白色的曲线线条元素使空间看上去柔和且富有律动感。

❶ 这是一款校园室外的景观设计。
❷ 苔藓绿是一种儒雅而又深厚的色彩，将其作为空间的主色，营造出平和、稳重而又不失自然的空间氛围。
❸ 空间以"被人造草皮包裹的学校"为主要设计理念，并在空旷的场地中设有多个矩形的草地，与人造草皮相呼应，营造出和谐而又统一的空间氛围。

3.4.5 芥末绿 & 橄榄绿

❶ 这是一款住宅室外草地处的景观设计。
❷ 芥末绿是一种平和且淡然的色彩，大面积低明度的芥末绿营造出安定而又自然的空间氛围，并与灰色的建筑相结合，使空间整体的效果平稳而又温馨。
❸ 建筑设在空旷的场地之中，透明且简洁的构造，让建筑得以完美嵌入周围地形。

❶ 这是一款公寓室外休息区域的景观设计。
❷ 低饱和度的橄榄绿象征着和平与生命力，优雅、温和且富有力量感，空间将隔断设置为橄榄绿，打造平稳、安定的空间氛围。
❸ 将隔断进行间隔陈设，并设有镂空花纹，使整体空间看上去通透、开阔，加上舒适的座椅和床，营造出温馨且舒适的空间氛围。

3.4.6　枯叶绿 & 碧绿

① 这是一款住宅楼室外的景观设计。

② 枯叶绿是一种平易、温和的色彩，将其作为空间的主色，营造出温馨而不失自然的视觉效果，并与深灰色相搭配，使空间的整体氛围更加和善、稳重。

③ 以相互垂直的线条作为行进路线，使空间看上去规整有序，搭配层次分明，形态各异的植物可以丰富空间的视觉效果。

① 这是一款办公室室外夜景的景观设计。

② 碧绿色是一种清新而又自然的色彩，在充满绿色植物的空间中以碧绿色作为点缀色，使空间中清新的氛围得以升华。

③ 空间在绿色植物种植区域的左右两侧分别设有低矮的照明设施，在点亮空间的同时，也使空间氛围更加亲切、舒适。

3.4.7　绿松石绿 & 青瓷绿

① 这是一款在办公楼内向室外观看的花园景观设计。

② 绿松石绿是一种自然、优雅而又充满活力的色彩，将室外的遮阳伞设置为绿松石绿，使整体空间看上去更加生动、和谐。

③ 室外植物种类繁多、层次丰富，打造出多彩、活跃且充满活力的花园景观。

① 这是一款室外文化建筑的景观设计。

② 青瓷绿是一种柔和、清脆且平稳的色彩，在空间中的休息区与植物的绿色相搭配，打造出纯净、天然的空间氛围。

③ 在布满植物的场地中设置多样起伏、亲切宜人的多功能休息空间，打造出氛围活跃且柔和的景观效果。

3.4.8 孔雀石绿 & 铬绿

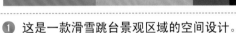

① 这是一款滑雪跳台景观区域的空间设计。

② 孔雀石绿是一种高饱和度的色彩，深邃、稳重，高雅却不失活力，与深灰色相搭配，使空间氛围平和、沉稳。

③ 通过金属支撑柱将整个跳台支撑起来，并在周围规定范围内种满种类各异的植物，对空间进行装饰，打造出自然、粗犷的跳台景观。

① 这是一款室外公共庭院处的景观设计。

② 低明度的铬绿是一种沉稳、平和的色彩，在空间中与实木色相搭配，营造出温馨且优雅的视觉效果。

③ 保护构件用板材覆盖，支撑构架重复着对角线韵律，使空间看上去更加规整有序。

3.4.9 孔雀绿 & 钴绿

① 这是一款豪华住宅室外庭院的景观设计。

② 孔雀绿是一种高雅而又深邃的色彩，将泳池的底色设置为孔雀绿，营造出优雅而又庄重的空间氛围。

③ 在庭院内设有大面积的草地，并种植了清脆的小树，打造清新、自然的庭院休闲空间。

① 这是一款商业城室外夜景的景观设计。

② 钴绿色是一种清脆而又纯净的色彩，将蜿蜒曲折的水景设置为钴绿色，并通过灯光的照射使其与周围岸上的景观形成鲜明的对比，明亮且活跃。

③ 将植物元素贯穿整个空间，在水景的左右两侧摆放盆栽，在点缀水景的同时，与岸上的景色相呼应，使空间的氛围和谐而统一。

3.5 青

3.5.1 认识青色

青色：青色是中国特有的一种颜色，在我国古文化中有生命的含义，也是春季的象征，青色介于绿色和蓝色之间，由于人对色彩实际感受的原因，因而较难进行分辨。

色彩情感：清脆、伶俐、清爽、醒目、清淡、典雅、消极。

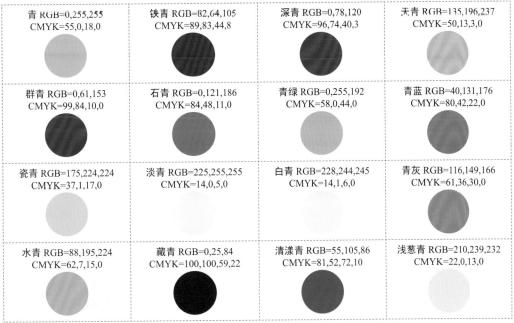

青 RGB=0,255,255 CMYK=55,0,18,0	铁青 RGB=82,64,105 CMYK=89,83,44,8	深青 RGB=0,78,120 CMYK=96,74,40,3	天青 RGB=135,196,237 CMYK=50,13,3,0
群青 RGB=0,61,153 CMYK=99,84,10,0	石青 RGB=0,121,186 CMYK=84,48,11,0	青绿 RGB=0,255,192 CMYK=58,0,44,0	青蓝 RGB=40,131,176 CMYK=80,42,22,0
瓷青 RGB=175,224,224 CMYK=37,1,17,0	淡青 RGB=225,255,255 CMYK=14,0,5,0	白青 RGB=228,244,245 CMYK=14,1,6,0	青灰 RGB=116,149,166 CMYK=61,36,30,0
水青 RGB=88,195,224 CMYK=62,7,15,0	藏青 RGB=0,25,84 CMYK=100,100,59,22	清漾青 RGB=55,105,86 CMYK=81,52,72,10	浅葱青 RGB=210,239,232 CMYK=22,0,13,0

3.5.2　青 & 铁青

① 这是一款花园喷泉处的夜景景观设计。

② 青色是一种介于蓝色和绿色之间的颜色，清脆鲜活，高饱和度的色彩在黑夜中格外显眼。

③ 在漆黑的深夜中，将喷泉的颜色设置为清爽、伶俐的青色，与夜晚的颜色形成强烈的反差，使空间具有强烈的视觉冲击力。

① 这是一款住宅室外庭院的景观设计。

② 铁青色是一种沉稳而又平和的色彩，地面上铁青色与白色相间的纹理，与深厚沉稳的深实木色相搭配，打造稳重而不失温馨的空间氛围。

③ 大面积清新的植物营造出热带风情的庭院空间。

3.5.3　深青 & 天青

① 这是一款住宅室外庭院处的景观设计。

② 将室外的座椅设置为深青色，深邃典雅的色彩为室外空间带来一丝稳重和典雅的气氛。

③ 封闭的庭院采用风格统一的植物进行装饰与点缀，可以丰富空间构图、活跃空间氛围。

① 这是一款别墅室外庭院区域的景观设计。

② 天青是一种清澈而平和的色彩，将庭院的座椅设置成天青色，使空间的氛围更加清新、凉爽。

③ 将座椅以垂直的角度进行陈列，使人与人之间的沟通更加方便、亲切。在座椅的后方放置多种类型的盆栽对空间进行装饰，为空间营造出自然、清新的氛围。

3.5.4 群青 & 石青

① 这是一款别墅的室外庭院景观设计。

② 群青是一种饱满而又耀眼的色彩，将其
设置为遮阳伞的颜色，为炎热的夏天增添
一抹清凉与纯净，并与抱枕、浴巾的色彩
形成呼应，打造和谐统一的空间氛围。

③ 沙发躺椅为纯净的白色，与周围绿色植物
的围绕，打造出清爽而又纯净的空间氛围。

① 这是一款住宅区域室外的花园景观设计。

② 石青是一种能够带来沉着、冷静视觉效果的
冷色调色彩，将泳池的底色设置为石青色，
为空间营造出深邃而安定的空间氛围。

③ 将暖色系灯光映射在泳池的水面上，好似
萤火虫般的光芒，使整个空间的氛围浪漫
且生动。

3.5.5 青绿 & 青蓝

① 这是一款酒店室外休闲区域的空间设计。

② 青绿是一种高明度的色彩，清新、生动、
充满无限活力，与轻快的黄色和安稳的深
蓝色相搭配，打造自然活跃的休闲空间。

③ 将黑白色的条纹作为贯穿整个空间的装
饰元素，使空间氛围和谐、主题醒目。

① 这是一款酒店室外橡胶跑道处的空间设计。

② 青蓝是一种内敛而坚定的色彩，在室外与
植物的绿色相搭配，营造出一种清凉、自
然且冷静的视觉效果。

③ 空间将混凝土与橡胶跑道结合在一起，通
过高矮的程度和曲线的造型形成强烈的
视觉引导，引导着人们的行进路线。

3.5.6　瓷青 & 淡青

① 这是一款监狱室外活动区域的夜景景观设计。

② 瓷青是一种清新且纯净的色彩，在平和而又稳重的空间中能够活跃氛围，并使空间整体看起来更加充满生机与活力。

③ 空间不论是墙面还是地面，均以圆形为主要的设计元素，使空间的氛围看起来更加亲切、活跃。

① 这是一款房屋室外休息区域的空间设计。

② 淡青是一种纯净、优雅的颜色，将房屋内部设置为淡青色，营造出清爽、梦幻的空间氛围，与植物的色彩相搭配，使空间更加贴近于自然。

③ 将房屋设置在草坪之上，低矮的草坪与背景高大的树木将建筑围绕，使空间的氛围更加自然、清新。

3.5.7　白青 & 青灰

① 这是一款室外婚礼局部的景观设计。

② 白青是一种纯净而又清澈的色彩，将桌布设置为白青色，在自然色彩的背景中显得格外纯洁。

③ 在木质框架的上方设有浪漫美丽的花朵，与背景的草坪和树木形成呼应，使空间与自然更加契合。

① 这是一款婚礼场地的景观设计。

② 青灰是一种沉静而又不失优雅的色彩，将其设置为背景板的主色奠定空间优雅、高贵的情感基调。配以不同饱和度的粉色调花朵，可以增强背景的层次感，营造出浪漫、甜美的空间氛围。

3.5.8　水青 & 藏青

❶ 这是以"快乐的漂流者"为主题的水上景观设计。

❷ 水青是一种内敛而悠扬的色彩，在河水上与绿色的植物和橘色系的火焰相结合，打造自然且夺目的人造景观。

❸ 在河流上创造一座漂浮着的神秘岛屿，岛屿上生活着各式各样的离奇的动物和植物，打造出一个远离陆地的奇妙绿洲。

❶ 这是一款户外庭院的景观设计。

❷ 藏青色是一种稳重而又沉静的色彩，将其设置为座椅的颜色，为夏季的庭院空间带来一丝清凉与理智。

❸ 不加修饰的白色砖墙使空间的氛围更加自然、亲切。

3.5.9　清漾青 & 浅葱青

❶ 这是一款住宅室外庭院处的景观设计。

❷ 清漾青是一种低饱和度的色彩，能够带来一丝温和与内敛的氛围。在空间中与大量的绿色植物相呼应，创造出多层次结构的景观效果。

❸ 大量的植物、风格迥异的花盆与不加修饰的砖墙、地面，打造自然原生态的景观效果。

❶ 这是一款高档居住区室外的景观设计。

❷ 浅葱青是一种清脆而又纯净的色彩，将水池区域的底色设置为浅葱青色，打造清新、明快的空间氛围，使观景的人身心愉悦。

❸ 朝气蓬勃的绿色植物与流淌活跃的清新水景相搭配，营造出活跃且富有无限生命力的空间氛围。

3.6 蓝

3.6.1 认识蓝色

蓝色：蓝色是人们日常生活中十分常见的颜色，说到蓝色总能让人想起广阔的天空和深邃的海洋，在景观设计中，蓝色的应用会使人们的心情更加沉稳、平和。

色彩情感：稳重、清凉、广阔、冷静、安全、宁静、清新、豁达、冷清、理智、科技。

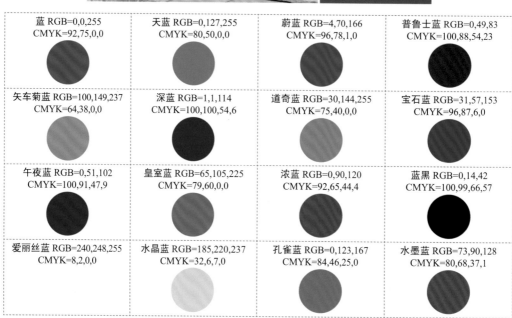

蓝 RGB=0,0,255
CMYK=92,75,0,0

天蓝 RGB=0,127,255
CMYK=80,50,0,0

蔚蓝 RGB=4,70,166
CMYK=96,78,1,0

普鲁士蓝 RGB=0,49,83
CMYK=100,88,54,23

矢车菊蓝 RGB=100,149,237
CMYK=64,38,0,0

深蓝 RGB=1,1,114
CMYK=100,100,54,6

道奇蓝 RGB=30,144,255
CMYK=75,40,0,0

宝石蓝 RGB=31,57,153
CMYK=96,87,6,0

午夜蓝 RGB=0,51,102
CMYK=100,91,47,9

皇室蓝 RGB=65,105,225
CMYK=79,60,0,0

浓蓝 RGB=0,90,120
CMYK=92,65,44,4

蓝黑 RGB=0,14,42
CMYK=100,99,66,57

爱丽丝蓝 RGB=240,248,255
CMYK=8,2,0,0

水晶蓝 RGB=185,220,237
CMYK=32,6,7,0

孔雀蓝 RGB=0,123,167
CMYK=84,46,25,0

水墨蓝 RGB=73,90,128
CMYK=80,68,37,1

3.6.2 蓝 & 天蓝

1. 这是一款院落内的人工景观设计。
2. 空间中最为抢眼的为高饱和度的蓝色,沉稳而又纯粹的色彩在空间中与低饱和度的红色和绿色相搭配,创造出个性鲜明且充满视觉冲击力的色彩对比效果。
3. 以"自然的碎片"为设计主题,将人工草坪以"碎片的形式进行拼接"打造层次感丰富且充满个性化的景观效果。

1. 这是一款住宅区室外庭院处的空间设计。
2. 将建筑设置为天蓝色,纯净而又清凉的色彩在空间中与天然的绿色植物相搭配,打造出清爽、自然的空间氛围。
3. 庭院中的植物元素层次饱满、结构丰富,以建筑为中心,以环绕的方式进行生长,增强了空间的自然氛围。

3.6.3 蔚蓝 & 普鲁士蓝

1. 这是一款庄园内花园处的景观设计。
2. 蔚蓝是一种深邃、宁静且宽阔的色彩,花园中植物的种类多样,色彩之间的搭配温馨且柔和,并采用蔚蓝色对空间进行点缀,可以将空间的氛围进行沉淀。
3. 将蔚蓝色的装饰物在空间的多处进行有规律的陈设,为空间营造出和谐而统一之感。

1. 这是一款住宅区域室外的景观设计。
2. 普鲁士蓝是一种温和而又稳重的色彩,在空间中与暗红色的花朵和绿色植物相搭配,打造出自然而又温暖的空间氛围。
3. 向上攀爬的植物延伸了空间的纵深感,自然而又充满生机。

51

3.6.4 矢车菊蓝 & 深蓝

① 这是一款学校内运动场地的空间设计。

② 矢车菊蓝是一种高雅且清澈的颜色，明度适中，搭配纯净的白色，打造出纯净且具有活力的空间氛围。

③ 空间将线条作为主要的设计元素，通过直线和曲线的结合，打造丰富且充满律动感的活跃氛围。

① 这是一款公园娱乐区域的空间设计。

② 高饱和度的深蓝色深邃而又稳重，在空间中将其与绿色和黄色相搭配，增强空间的视觉冲击力，使娱乐设施在空间中更加显眼。

③ 在娱乐设施的四周设有花坛和草坪，大量的植物元素使空间与大自然更加贴近。

3.6.5 道奇蓝 & 宝石蓝

① 这是一款马路街头的艺术景观设计。

② 道奇蓝是一种高明度的色彩，将其作为空间的点缀色，与鲜亮的黄色形成鲜明对比，增强元素的视觉冲击力，使其在空间中更加抢眼。

③ 通过简单的绘制和图形元素的添加将斑马线形象化，生动有趣、设计感强。

① 这是一款海景住宅室外的景观设计。

② 空间将室外泳池的底色设置为宝石蓝，优雅、梦幻，并通过光线和角度的不同创造出不同明度、纯度的色彩，为受众营造浓厚且深邃的视觉效果。

③ 远处的植物在水中形成倒影，使整个空间看上去更加舒适、轻松。

3.6.6　午夜蓝 & 皇室蓝

❶ 这是一款住宅室外庭院区域的空间设计。
❷ 午夜蓝是一种沉稳而又深邃的色彩，将其设置为地毯的颜色，为空间奠定了深厚、神秘的情感基调。在大量绿色植物的空间选择少许黄色的花朵作为点缀，使空间看上去更加清新、活泼。
❸ 植物元素和实木材质的搭配使空间更加贴近自然。

❶ 这是一款室外庭院处的景观设计。
❷ 将抱枕设置为精致而又冷艳的皇室蓝色，与周围的绿色植物和低饱和度的装饰元素形成鲜明对比，使其在空间中尤为突出。
❸ 两个石阶穿插在绿色的草坪中间，打破死板的布局，与抱枕后方不加修饰的砖墙形成呼应。

3.6.7　浓蓝 & 蓝黑

❶ 这是一款公共空间休息区域的景观设计。
❷ 将休息座椅设置成浓蓝色，温文儒雅、平和沉稳、深邃柔和，搭配天然的实木色，打造具有安抚情绪和治愈氛围的休息空间。
❸ 座椅装置以横向的木条为主要的设计元素，并搭配蜿蜒的走向和弧形的顶端设计，打造具有强烈律动感的空间氛围。

❶ 这是一款凉亭处的景观设计。
❷ 蓝黑是一种沉稳而又神秘的色彩，将其与白色相搭配，以深浅交错的色彩打造纯净而又稳重的空间氛围。
❸ 布幔上曲线的装饰线条可以活跃空间氛围。

3.6.8 爱丽丝蓝 & 水晶蓝

① 这是一款室外休闲娱乐空间的景观设计。

② 爱丽丝蓝色彩较为淡雅，给人凉爽、优雅的感觉，将其设置在大片的绿色草地中，使空间看上去更加清爽宜人。

③ 爱丽丝蓝色的休息区域与滑梯的尾部紧密相连，并在一旁设有娱乐装置，空间区域划分明确，点明空间主题。

① 这是一款室外花园泳池区域的空间设计。

② 水晶蓝是一种清澈、优雅的色彩，将其设置为泳池的底色，营造出清爽而又明澈的空间效果。

③ 白色的绣球花丰满茂盛、层次丰富，构成了泳池区的入口，打造出自然、清新的空间氛围。

3.6.9 孔雀蓝 & 水墨蓝

① 这是一款学校室外休息娱乐区域的空间设计。

② 空间以高饱和度的孔雀蓝作为点缀颜色，在丰富空间氛围的同时，与石材和实木材质的天然色彩相搭配，营造出平和、沉稳的空间氛围，并在角落处点缀鲜艳的红色，通过对比色的配色方案在空间中形成视觉冲击力。

① 这是一款别墅后院泳池区域的景观设计。

② 水墨蓝淡雅而温和，且具有一丝文艺、复古的视觉效果，空间以白色为背景，搭配水墨蓝色的座椅，周围衬着绿植和碧绿色的水池，打造自然、惬意的休闲空间。

③ 弧形的拱门设计增强了空间的活跃性，并将镜子整齐地摆放在拱门的左右两侧，使空间看上去更加规整有序。

3.7 紫

3.7.1 认识紫色

紫色：紫色是一种由温暖的红色和冷静的蓝色混合而成的色彩，因此该色彩既具有红色的温馨和浪漫，又具有蓝色的高雅与平和。

色彩情感：高雅、温馨、浪漫、神秘、温和、冷静、甜美、富贵、神圣、噩梦、消极。

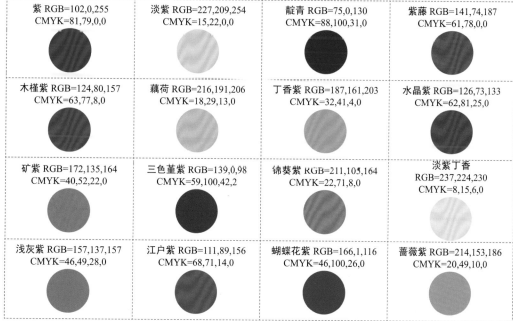

紫 RGB=102,0,255
CMYK=81,79,0,0

淡紫 RGB=227,209,254
CMYK=15,22,0,0

靛青 RGB=75,0,130
CMYK=88,100,31,0

紫藤 RGB=141,74,187
CMYK=61,78,0,0

木槿紫 RGB=124,80,157
CMYK=63,77,8,0

藕荷 RGB=216,191,206
CMYK=18,29,13,0

丁香紫 RGB=187,161,203
CMYK=32,41,4,0

水晶紫 RGB=126,73,133
CMYK=62,81,25,0

矿紫 RGB=172,135,164
CMYK=40,52,22,0

三色堇紫 RGB=139,0,98
CMYK=59,100,42,2

锦葵紫 RGB=211,105,164
CMYK=22,71,8,0

淡紫丁香
RGB=237,224,230
CMYK=8,15,6,0

浅灰紫 RGB=157,137,157
CMYK=46,49,28,0

江户紫 RGB=111,89,156
CMYK=68,71,14,0

蝴蝶花紫 RGB=166,1,116
CMYK=46,100,26,0

蔷薇紫 RGB=214,153,186
CMYK=20,49,10,0

3.7.2 紫 & 淡紫

① 这是一款室外公园水景处的景观设计。

② 紫色是一种华丽且浓郁的色彩，将喷泉下方的灯光和遮阳的装置均设置为紫色，使空间看上去更加深邃、浓郁。

③ 空间的装置物与喷泉形成上下呼应。流动的喷泉使空间看上去更具动感和生机。

① 这是一款住宅室外庭院区域的空间设计。

② 淡紫色是一种柔和而又文雅的色彩，将其设置为室外地毯的颜色，使空间看上去更加淡然、温和。与热情的红色抱枕相搭配，打造层次丰富、饱满的空间氛围。

③ 圆形的低矮茶几搭配相对对称的纯白色椅子，使空间看上去清新、简约、淡雅。

3.7.3 靛青 & 紫藤

① 这是一款庭院处的景观设计。

② 靛青紫是一种高饱和度的紫色，在空间左右两侧设置两张靛青紫色沙发座椅，以厚重而又深邃的色彩与清新的自然景观形成鲜明对比。

③ 丝绒材质的座椅为空间带来稳重、舒适的空间氛围。

① 这是一款酒店室外的景观设计。

② 将休息座椅和遮阳伞设置成紫藤色，优雅而又充满个性化的色彩打造出个性化十足的休闲空间。

③ 将人工景观与自然景观相结合。庭院内部布局规整，外侧的植物层次丰富、结构饱满。

3.7.4 木槿紫 & 藕荷

① 这是一款公园内夜景的景观设计。

② 木槿紫是一种温和而又平稳的色彩，如同贝壳般的瞭望台以木槿紫为主色，使空间的整体氛围优雅而温馨。

③ 在瞭望台的下方设有相同颜色的灯光对空间进行点缀，打造出浪漫、梦幻的观望空间。

① 这是一款住宅区域鸟瞰图的景观设计。

② 藕荷是一种优雅、淡然的色彩，在浅紫色中增添了一抹淡淡的粉色，在众多深色的屋顶中设置一抹藕荷色，使空间看上去更加温和。

③ 大量的绿植围绕在建筑周围，使景观更加清新自然。

3.7.5 丁香紫 & 水晶紫

① 这是一款休闲娱乐公共空间的景观设计。

② 丁香紫是一种柔和而又高贵的色彩，将空间中的座椅设置为丁香紫，与清脆的绿色和温馨的实木色相搭配，打造淡雅、舒适的空间氛围。

③ 在每组座椅上方都配有相同色彩的遮阳伞，营造出和谐而又统一的空间氛围。

① 这是一款酒店室外就餐区域的空间设计。

② 空间将座椅设置成水晶紫色，浓郁而又沉稳，低调却不沉闷。

③ 座位的摆放左右两侧相对对称，规则、整体的布局使空间更加看上去规整有序。

3.7.6 矿紫 & 三色堇紫

❶ 这是一款体育场跑道处的景观设计。

❷ 将跑道设置成矿紫色，打造柔和、温馨的空间氛围，但为了避免低饱和度的色彩为空间带来沉闷的气氛，因此将分割线设置成白色，来对空间的色彩进行提亮。

❸ 在空间的左侧设有多边形的装饰物对运动空间进行点缀，在活跃空间氛围的同时，也使空间的构图更加丰富、饱满。

❶ 这是一款休闲娱乐公园处的景观设计。

❷ 三色堇紫在紫色中加入了一抹红色，纯度较高，浓烈且华丽，搭配浅灰色，将其艳丽的色彩进行中和，打造色彩张弛有度的休闲空间。

❸ 空间重复利用曲线线条元素，伴随着花坛的样式和位置，曲折且柔和，为空间增添了浪漫且温馨的空间氛围。

3.7.7 锦葵紫 & 淡紫丁香

❶ 这是一款室外花园通道处的景观设计。

❷ 锦葵紫是一种含蓄而又温暖的色彩，在空间中，将地面设置成锦葵紫，暖色调的地面与沉稳的台阶和清脆的植物形成鲜明的对比，增强了空间整体的视觉冲击力。

❸ 在台阶的左右两侧种植饱满的绿色植物，并将圆形装置设置在通道处，使空间氛围活跃且柔和。

❶ 这是一款室外艺术装置处的景观设计。

❷ 将地面上的座椅设置为淡紫丁香色，柔和而又纯净的色彩营造出淡然、优雅的空间氛围，与低饱和度的背景板形成呼应，使空间的氛围更加和谐统一。

❸ 在背景板上拼贴的花纹壁纸和装饰花朵元素与草坪共同营造出自然、优美的氛围。

3.7.8 　浅灰紫 & 江户紫

❶ 这是一款别墅室外区域的景观设计。

❷ 浅灰紫色是一种温和柔顺的色彩，将遮阳伞设置为浅灰紫与白色相间的条纹，为整体空间带来一丝和善与温暖。

❸ 绿色的草坪与庭院外饱满的植物形成呼应，打造清新自然的休闲空间。

❹ 白色的躺椅使空间看上去更加清凉。

❶ 这是一款室外花园的景观设计。

❷ 江户紫柔和而又温馨，空间在石质隔断的上方刻有江户紫色的文字，打造温暖而又富有设计感的景观效果。

❸ 将诗句融入景观设计中，并将文字随着石质隔断的走向进行雕刻，柔和的曲线为空间营造出了柔和且灵活的视觉效果。

3.7.9 　蝴蝶花紫 & 蔷薇紫

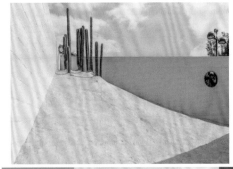

❶ 这是一款室外花园通道处的景观设计。

❷ 蝴蝶花紫是一种低明度、高纯度的色彩，将其设置在通道的左右两侧，并与清新的绿色植物相搭配，打造温暖而不失清脆、柔和而不失活跃的空间氛围。

❸ 饱满的植物簇拥在通道的左右两侧，并富有丰富的层次感，打造世外桃源一般的舒适惬意的景观效果。

❶ 这是一款以"城市中的沙漠碎片"为主题的室外文化建筑景观设计。

❷ 将墙壁的颜色设置成蔷薇紫，低纯度的色彩为空间营造出纯净而柔美的空间氛围，搭配柔和的浅粉色，和来源于自然中沙漠的色彩，打造出自然且温和的室外空间。

❸ 将带有坡度的"沙漠碎片"和仙人掌结合在一起，模拟真实的沙漠场景，紧扣主题，使人具有身临其境之感。

3.8 黑、白、灰

3.8.1 认识黑、白、灰

黑色：黑色是能够包容万物的颜色，神秘而具有力量感，在所有色彩中，黑色是最深的颜色，并且富有多种不同文化的意义。

色彩情感：庄重、高雅、罪恶、神秘、严肃、悲哀、稳重、恐怖、悲伤、稳定。

白色：白色是所有颜色中明度最高的颜色，没有色相，是一个中立的颜色，常常被用作背景色，干净而低调。

色彩情感：纯洁、淡然、纯净、低调、端庄、优雅、正直、明亮、光辉、皎洁、空虚。

灰色：灰色是介于黑色和白色之间的颜色，属于无彩色系。不似黑和白的纯粹，也没有黑和白的单一，让人捉摸不定。

色彩情感：迷茫、顽固、压抑、朦胧、内敛、低调、寂寞、善变、圆滑、空灵、混沌。

白 RGB=255,255,255 CMYK=0,0,0,0	月光白 RGB=253,253,239 CMYK=2,1,9,0	雪白 RGB=233,241,246 CMYK=11,4,3,0	象牙白 RGB=255,251,240 CMYK=1,3,8,0
10% 亮灰 RGB=230,230,230 CMYK=12,9,9,0	50% 灰 RGB=102,102,102 CMYK=67,59,56,6	80% 炭灰 RGB=51,51,51 CMYK=79,74,71,45	黑 RGB=0,0,0 CMYK=93,88,89,88

3.8.2　白 & 月光白

① 这是一款室外装置的景观设计。

② 将艺术装饰设置为纯净的白色，并配以黑色的字母，使装置与字母之间在颜色上形成鲜明的对比，增强空间的视觉冲击力，并将其放置在自然、清新的绿色景观中，大气的自然背景具有无限的包容力与衬托力。

③ 装置系统色彩纯净、层次丰富，并设有镜子元素，打造出独特且多元化的艺术景观。

① 这是一款住宅室外区域的景观设计。

② 月光白色是在白色中增添了一抹淡淡的黄色，温馨而柔和，将建筑体设置成月光白，使空间氛围柔和而纯净。

③ 采用间隔的墙板增强空间的通风效果，并在墙板下方有间隙有规律地种植带有放射效果的绿色植物，为柔和的空间增添一丝坚硬且富有动感的氛围。

3.8.3　雪白 & 象牙白

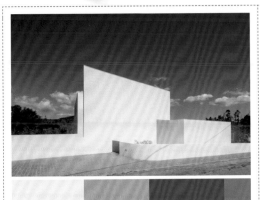

① 这是一款住宅建筑周围的景观设计。

② 将建筑体设置为雪白色，纯净而又高雅的色彩使其成为空间中最为抢眼的元素。

③ 建筑体以流畅的线条为主要的设计元素，打造简洁而又纯净的空间氛围。

① 这是一款来自日本的森林景观设计。

② 比起单纯的白色，象牙白是一种既柔和又舒适的色彩，使空间整体更加轻柔、温馨。

③ 在空间的中心处设置环形的喷雾装置，使烟雾以环形为中心向外散发，营造出梦幻、灵动的空间氛围。

3.8.4　10% 亮灰 & 50% 灰

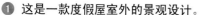

❶ 这是一款度假屋室外的景观设计。

❷ 空间将椅子设置成 10% 亮灰色，高雅、朦胧，搭配椅子的实木色、假山的深灰色和植物的绿色，打造出自然、惬意的休闲空间。

❸ 将就餐区域与室外的风景进行充分的融合，并通过光与影的对立交错打造立体且层次丰富的空间氛围。

❶ 这是一款庭院别墅内楼梯转角处的景观设计。

❷ 将楼梯设置成沉稳而高雅的 50% 灰色，通过高级灰的色调打造低调且富有内涵的空间氛围。

❸ 庭院中的绿植从中心处向外散开，使整个空间氛围朝气蓬勃，充满活力。

3.8.5　80% 炭灰 & 黑

❶ 这是一款住宅室外庭院区域的空间设计。

❷ 空间选用 80% 炭灰的大型鹅卵石对空间进行装饰，80% 炭灰色柔和淡雅，并富有一种朦胧美，使整个庭院看上去更加优雅、高尚。

❸ 在庭院中心的位置采用不锈钢板作为背景装饰来衬托四季的美景，凸显出植物、花卉的生机与活力。

❶ 这是一款花园内扶手坡道处的景观设计。

❷ 将扶手和栏杆设置成黑色，沉稳、深邃，搭配绿色的植物，打造稳重又不失自然的空间氛围。

❸ 将扶手与曲线元素结合在一起，并在周围设有大量的植物元素，创造出柔和、轻松且平静的空间氛围。

第4章

景观设计的类型

　　景观设计是一种将自然景观和人工景观结合在一起，使空间整体看上去更加舒适宜人的空间建筑，在设计的过程中，应该注重设计的整体性、实用性、艺术性和趣味性的结合，与此同时，景观设计还需要呼应设计整体风格的主题，并充分体现出地方特色和场地的自然特色。

4.1 大型规划景观设计

　　大型规划景观设计是一种将交通、水电、园林、市政、建筑等领域结合在一起，通过对土地合理化的运用，建设出满足客户需求、符合场所性质的空间建筑，巧借大自然，营造出综合性的生态环境。

　　特点：

◆ 巧借自然景观，创造出自然、和谐的景观效果。

◆ 注重区域的划分。

◆ 注重整体规划。

4.1.1 旅游规划设计

设计理念: 这是一款模块化房屋体系的景观设计。空间通过独特的设计形式打造出充满趣味性的多样化的树屋。

色彩点评: 空间色彩自然清新,通过光与影的结合和角度的错位,使空间的色彩具有丰富的层次感,打造舒适、惬意的空间氛围。

🔵 位于中心位置处的建筑充满了设计感,通过奇特的建筑造型使其在空间中更能吸引人们的注意力。

🔵 以圆形为建筑体的主要设计元素,并将其以不同的角度和高度进行陈列,使人们可以自行选择并观赏到不同角度的景观。

🔵 将建筑体的外观设置为叶片状木瓦,并采用变化不一的棕色调,使建筑整体与周围的自然景物融为一体,整体氛围和谐而统一。

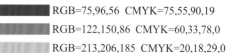

RGB=75,96,56 CMYK=75,55,90,19
RGB=122,150,86 CMYK=60,33,78,0
RGB=213,206,185 CMYK=20,18,29,0
RGB=169,154,131 CMYK=40,40,48,0

这是一款将交通、生态、娱乐与文化融合在一起的旅游规划设计。空间建筑注重绿化与滨水景观的设计,以流淌的河流对空间的左右两侧进行分割,打造出生动、自然的空间环境。

RGB=203,204,103 CMYK=29,16,68,0
RGB=205,198,192 CMYK=23,22,23,0
RGB=116,178,162 CMYK=59,17,42,0
RGB=248,207,176 CMYK=3,25,31,0

这是一款玻璃穹顶热带温室周围整体的景观设计。温室建筑外围布满了绿色的植物,使温室与周围的环境完美地融合在一起。建筑整体从远处看上去好似从地面上缓缓抬升的一座小山。

RGB=97,98,52 CMYK=67,57,92,17
RGB=141,134,119 CMYK=52,47,53,0
RGB=160,168,167 CMYK=43,30,32,0

旅游规划设计技巧——尊重自然，融会贯通

随着旅游业的发展，旅游规划设计不论是在内容上还是在形式上，创意层出不穷。自然景观是旅游规划设计的基础元素，因此在设计的过程中，应以不破坏自然元素为基本的设计理念，将自然与人工进行合理化的结合，创造出恢宏、壮丽的景观效果。

这是一款空中走廊的鸟瞰图景观设计。将空中走廊设置在山顶，使游客有机会观赏到全方位的壮丽景观。在尊重自然景观的前提下，将人工建筑景观与自然景观结合，打造出俯瞰海峡的全透明走廊。

这是一款360°观景台的场地鸟瞰图。蜿蜒的观景台盘旋在郁郁葱葱的山上，使站在观景台之上的人们可以将山下的景色尽收眼底。空间将旅游景观与自然景观融合在一起，在凸显自然气息的同时，也将旅游景观进行升华，使空间的氛围更加生动、自然。

配色方案

双色配色

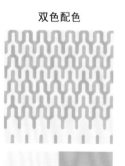

三色配色

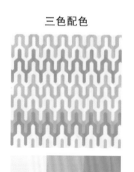

五色配色

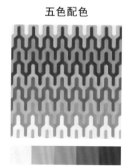

佳作欣赏

4.1.2 城市规划设计

设计理念：这是一款城市住宅区域的景观设计。空间将城市、树林与湖结合在一起，打造出最佳城市生活体验。

色彩点评：通过自然景观对空间进行装饰，清新的绿色和清脆悠扬的青色搭配在一起，使空间更加贴近于自然，并加以

橘黄色对空间进行点缀，使空间氛围更加活跃、热情。

① 空间不论是建筑体还是水系景观，均以弧形为主要的设计元素，通过与该元素的结合使整个景观看上去更加轻松、柔和。

② 空间中弧形的建筑体被绿色的景观包围着，并将建筑的最上方设置成绿色，与地面的植物景观相呼应。

③ 在左右两侧的建筑中间设有弯曲的碧绿色的湖水，以此来增强空间的流动性，使空间的氛围更加活跃。

RGB=118,137,77 CMYK=62,47,82,1
RGB=66,145,140 CMYK=75,32,48,0
RGB=191,104,63 CMYK=32,69,79,0
RGB=173,164,152 CMYK=38,35,38,0

这是一款城市中花园区域的景观设计。该花园层级丰富，能够满足人们的步行需求，创造出实用性与观赏性并存的景观效果。

RGB=140,149,38 CMYK=54,36,100,0
RGB=166,222,229 CMYK=40,1,14,0
RGB=235,223,205 CMYK=10,14,21,0
RGB=184,125,113 CMYK=35,58,52,0

这是一款城市中的河岸景观设计。通过一条弯曲的桥梁将河岸的左右两侧紧密地连接在一起，并在地面上设有丰富的绿植系统，打造全新的城市生态景观。

RGB=85,106,48 CMYK=73,52,100,13
RGB=115,127,147 CMYK=63,49,35,0
RGB=198,153,119 CMYK=28,45,56,0
RGB=225,225,217 CMYK=14,11,15,0

城市规划设计技巧——图形元素的应用

在城市规划设计中,图形是一种较为常见且应用广泛的设计元素,在设计的过程中,通过对图形元素的应用能够起到对空间氛围的衬托与渲染作用,例如,规整的矩形元素会使空间看上去更加沉稳,而多边形元素或是柔和的圆形元素则会让空间整体更加柔和、活泼。

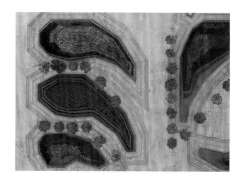

这是一款城市河流区域的景观设计。在河流的左右两侧设有多组四边形的绿色植物景观,矩形的造型使空间整体看上去更加规整有序,打造更加健康、更加生态的居住环境。

这是一款城市公共广场区域的景观设计。空间以活跃的多边形为主要的设计元素,通过相似形状的重复利用打造生动、活跃的景观效果。

配色方案

双色配色

三色配色

五色配色

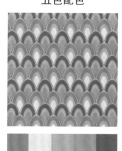

佳作欣赏

4.1.3 乡村规划设计

设计理念：这是一款乡村旅馆鸟瞰图的景观设计。将旅馆设置在不加修饰的自然景观中，让居住的旅人与自然景观亲密接触。

色彩点评：空间将自然界的色彩展现得淋漓尽致，并将建筑体设置为纯净的白色，搭配泳池内悠扬而又活跃的青色作为点缀，打造生动自然的空间氛围。

① 简洁而又优雅的建筑将房顶设置为结构稳固的三角形，既是对建筑本身的装饰，又能够丰富空间的视觉效果。

② 在房屋的露台处设置供旅人休息的躺椅，颜色与整体建筑和谐而又统一，打造舒适而又惬意的休闲空间。

③ 以直线线条为主要的设计元素，通过该元素对房屋的门前进行装饰，使空间的整体氛围流畅而又平稳。

RGB=226,226,226 CMYK=13,10,10,0
RGB=151,213,218 CMYK=45,3,19,0
RGB=185,155,117 CMYK=34,42,56,0
RGB=79,84,52 CMYK=72,60,88,26

这是一款乡村住宅室外的景观设计。空间将三个建筑围绕着庭院进行建设，周围满是自然界中不加修饰的景观，整体氛围宜人、舒适。

RGB=38,42,45 CMYK=83,77,72,52
RGB=116,127,57 CMYK=63,46,94,3
RGB=42,75,112 CMYK=90,75,43,6
RGB=169,138,101 CMYK=41,48,63,0

这是一款乡村建筑的景观设计。以弧形线条的形式进行陈列的建筑木屋被壮丽的乡村景色包围着，并通过弧形的线条增强空间的视觉冲击力，打造出舒适且具有设计感的景观效果。

RGB=132,141,64 CMYK=57,40,89,0
RGB=112,90,66 CMYK=61,64,77,17
RGB=222,221,217 CMYK=16,12,14,0
RGB=168,138,91 CMYK=42,48,69,0

乡村规划设计技巧——注重空间绿化

在环保主题日益凸显的今天，空间绿化已经逐渐成为景观设计的重中之重，合理的绿化环境能够改善人们的生活环境，具有净化空气、美化空间、增加空气湿度、保护农田等重要作用。

这是一款乡村住宅处的景观设计，该空间建设回归树木繁茂的场地状态，在室外场地种植了大量品种的树木和野花，打造自然且随性的空间氛围。

这是一款科技园景观设计的鸟瞰图。空间以"漂浮的大回廊"为设计理念，通过具有设计感的建筑本身对空间进行装饰，并保持着周围的乡村风貌特色，通过园林与小型农业用房保持平衡的格局。

配色方案

双色配色

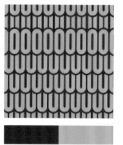

三色配色

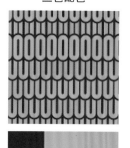

五色配色

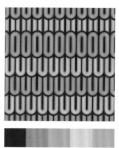

佳作欣赏

4.2 居住景观设计

随着社会的发展，人们对居住环境的要求也越来越高，因此在选择居住地点时，周围的环境景观设计也会被考虑其中，好的居住景观设计能够瞬间将空间的主题进行升华，创造出舒适、安全、健康、平衡的观赏环境，使其成为居住区的一大亮点。

特点：

◆ 植物多样性。

◆ 注重活动区域和休息区域的建设。

◆ 景观设计呼应居住区设计的整体风格。

4.2.1 滨水生态

设计理念：这是一款住宅区室外庭院台阶与溪水处的滨水景观设计。空间氛围生动、自然，使人产生身临自然界之感。

色彩点评：空间色彩纯净、自然，均采用来自大自然本身的色彩，没有对景色加以过多的修饰，打造出了自然、惬意的空间效果。

🔹台阶的设计摒弃了现代化的设计理念，保持石质材质原有的形状体态，使空间整体的效果更加贴近于自然。

🔹不同种类的植物在没有限制生长形状和区域的状态下自由生长，与石质台阶的风格相呼应，打造和谐而统一的空间氛围。

🔹空间整体采用动静结合的设计手法，通过溪水的流动性来活跃空间氛围。

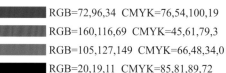

RGB=72,96,34 CMYK=76,54,100,19
RGB=160,116,69 CMYK=45,61,79,3
RGB=105,127,149 CMYK=66,48,34,0
RGB=20,19,11 CMYK=85,81,89,72

这是一款居住区室外滨水环境的景观设计。溪水通过混凝土水道流入方形池塘，接着跌落至另一个水道内。周围配以层次感丰富的绿植对空间进行装饰，打造生动且自然的滨水生态环境。

RGB=160,178,86 CMYK=46,22,77,0
RGB=116,140,174 CMYK=61,42,22,0
RGB=205,205,208 CMYK=23,18,15,0
RGB=113,80,60 CMYK=58,69,78,21

这是一款海景住宅中庭滨水生态区域的景观设计。层次丰富的植物背景墙环绕着住宅建筑，并与水池区域的绿植相呼应。水池中游动的生物为空间增添了无限的生机与活力。

RGB=143,166,38 CMYK=53,26,99,0
RGB=52,62,45 CMYK=79,66,84,43
RGB=201,200,205 CMYK=25,20,16,0
RGB=87,92,82 CMYK=71,60,67,16

滨水生态设计技巧——把握景观设计的主旋律

滨水生态设计要与整体的居住环境和主题相协调，在设计的过程中，应通过对整体景观主题的把握合理地将设计元素融合在一起，打造出层次丰富且人性化的景观效果。

这是一款住宅区域庭院水池处的景观设计。住宅区域的整体氛围优雅而高尚。水池设计层次分明、绿植沉稳、大气，整体环境和谐、统一。

这是一款住宅区滨水生态区域的景观设计。空间的整体氛围大气简洁，线条流畅，绿植陈列端正有序，打造出传统且规整的滨水景观效果。

配色方案

双色配色

三色配色

五色配色

佳作欣赏

4.2.2 小区植物

设计理念：这是一款居住区内水泥墙之间的植物景观设计。空间以"美丽的小型城市花园"为主题，在狭小的空间内打造小型的花园景观效果。

色彩点评：空间以水泥墙的深灰色为底色，搭配植物的绿色对空间进行点缀，使空间的整体氛围平稳而自然。

① 采用自然且不加修饰的石阶对空间进行装饰，并将石阶元素以曲线的形式进行陈列，打造自然生动、氛围活跃的景观效果。

② 将植物种植在空间的左右两侧，在不影响人们行走的基础上对空间加以装饰。植物种类丰富，部分植物由地面延伸到墙面，覆盖面广泛，打造丰富、灵活的效果。

RGB=203,213,223 CMYK=21,15,9,0
RGB=116,153,23 CMYK=63,30,100,0
RGB=93,55,148 CMYK=78,88,6,0
RGB=120,96,93 CMYK=60,64,60,8

这是一款小区内工作室的室外景观设计。房屋的外表是一层常春藤，绿色的植物布满在整个房屋建筑的外侧并将其包围，打造出层次丰富、结构饱满的淡雅且自然的室外景观效果。

RGB=95,124,76 CMYK=46,22,77,0
RGB=176,186,180 CMYK=37,23,28,0
RGB=176,69,69 CMYK=38,85,72,2
RGB=185,178,119 CMYK=35,28,59,0

这是一款公寓内花园区域的景观设计。通过大量的植物对空间进行装饰，整个空间自然而又生动。空间内的植物虽多，但并不杂乱，将植物进行线性陈列，增强了空间的秩序感。

RGB=102,122,75 CMYK=67,47,82,4
RGB=214,220,222 CMYK=19,11,12,0
RGB=183,184,130 CMYK=35,24,55,0
RGB=85,83,77 CMYK=71,64,67,20

小区植物设计技巧——层次丰富、结构饱满

　　小区内植物的设计不宜过于单一，以免使空间整体看上去空旷、无趣，在设计的过程中应注意植物的层次丰富、结构饱满，打造清爽而新鲜的自然景观。

这是一款住宅内室外雨水收集池的景观设计。自然与建筑之间通过种类丰富、样式繁多的植物进行无缝连接，饱满的植物具有向外扩张和延伸的视觉效果，并为空间营造出丰富的层次感和安静而又充满艺术感的空间氛围。

这是一款小区内植物景观区域设计。通过精心的设计与修建，植物展现层次丰富，规整有序，造型统一，界限分明，打造出自然却不失秩序感的景观效果。

配色方案

双色配色

三色配色

五色配色

佳作欣赏

4.2.3 景观配饰小品

设计理念：这是一款住宅过道区域的景观设计。空间通过流畅的线条打造流畅、大气的过道景观效果。

色彩点评：空间色彩沉稳安定，深灰色水泥材质砌成的隔断使空间的整体氛围更加平和低调，搭配深实木色，打造稳重不失温馨的视觉效果。

① 在过道的最前方放置了一个狮子雕像作为装饰，体积较小的狮子活泼可爱，生动形象，使空间的氛围活灵活现。

② 左侧的植物景观高大雄壮，延伸到右侧至过道上方，将隔断上方的空间紧密相连，同时也对规整有序的空间进行装饰，使其看上去更加生动、灵活。

RGB=139,148,152 CMYK=52,39,36,0
RGB=200,136,110 CMYK=27,54,55,0
RGB=59,44,41 CMYK=73,77,76,51
RGB=77,112,60 CMYK=76,48,93,9

这是一款住宅区车行路与花园入口交会处的景观设计。利用色彩鲜亮的黄色减速带对空间进行装饰，并将其相互交错进行陈列，打造活跃且生动的空间氛围。

RGB=225,209,130 CMYK=18,18,56,0
RGB=127,123,120 CMYK=58,51,50,1
RGB=205,203,202 CMYK=23,19,18,0
RGB=152,58,47 CMYK=45,88,88,12

这是一款住宅区公园内休闲散步区域的景观设计。在岸边采用鹅卵石样式的配饰小品对空间进行装饰，与河内的小石头相呼应，使空间的整体氛围和谐而统一。

RGB=243,243,243 CMYK=6,4,4,0
RGB=208,210,205 CMYK=22,16,13,0
RGB=214,202,186 CMYK=20,21,27,0
RGB=125,120,62 CMYK=59,51,88,5

景观配饰小品设计技巧——丰富的色彩增强空间的视觉冲击力

随着生活水平的大幅度提高，人们对于居住区的环境也有着越来越高的要求，因此居住区景观的小品设计逐渐成为人与自然互动的枢纽，在设计的过程中，选择小巧精致、灵活有趣的小品对空间进行装饰，打造舒适、惬意的居住区景观效果。

这是一款居住区过道楼梯处的景观设计。在道路的尽头放置了以圆形和矩形为主要设计元素的小品装饰物，图形的展现使该元素呈现动静结合的展示效果，在装点空间的同时也活跃了空间氛围。

这是一款居住区小品的装饰设计。在空间中将色彩鲜艳的高压胶合板悬挂在半空中，通过鲜艳的卡片组成的彩色墙体，与外露的混凝土墙和横梁形成了鲜明的视觉对比。

配色方案

双色配色   三色配色   五色配色

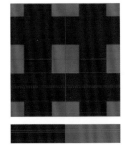  

佳作欣赏

4.2.4　庭院花园景观

设计理念：这是一款庭院花园景观的细节设计效果图。通过饱满的空间结构打造自然而又温馨的空间氛围。

色彩点评：空间以红棕色的墙壁为底色，通过平和、沉稳的暖色调奠定空间温馨的感情基调，搭配自然界的绿色系和紫色系，使空间整体的氛围稳重而不失柔和。

🔴空间中植物的位置和色彩相对对称，层次循序渐进，从外向内，由低到高，使每一种植物都能够展现自身的魅力，并通过植物之间的搭配与结合创造出和谐而又饱满的空间氛围。

🔴植物前方均等距离放置低矮的路灯对空间进行照亮，路灯的高度遵循空间中由低到高的层次感，并使空间更加亲切、和谐。

RGB=165,98,95 CMYK=44,70,58,1
RGB=102,121,45 CMYK=68,47,100,5
RGB=196,130,187 CMYK=30,58,2,0
RGB=201,192,61 CMYK=30,22,84,0

这是一款住宅区内庭院处的景观设计。空间中逐渐向上升起的弧形花坛平行于走廊与建筑之间相连的遮光屏障，使空间充满和谐而又统一的律动感。

这是一款住宅庭院花园处的景观设计。在宽敞的空间中种植层次丰富的多种类植物，营造自然、清新的室外庭院氛围，并在空旷的草地中放置三把供人休息的座椅，在装点空间的同时也为人们提供了驻足休息的区域。

RGB=112,187,50 CMYK=61,7,96,0
RGB=100,124,148 CMYK=68,49,34,0
RGB=167,187,184 CMYK=40,21,27,0
RGB=35,39,33 CMYK=82,74,81,58

RGB=1446,171,74 CMYK=51,24,84,0
RGB=182,119,78 CMYK=36,61,72,0
RGB=224,216,208 CMYK=15,15,18,0
RGB=128,227,234 CMYK=49,0,17,0

庭院花园景观设计技巧——界限分明、乱中有序

　　由于植物自然生长的习性，因此在没有人工修剪的前提条件下，植物会不受约束地随意生长，在庭院花园景观中，会使空间看上去杂乱无章，为了避免这种情况，在设计的过程中适当地对植物的生长条件进行修剪与限定，通过分明的界限使空间乱中有序，有层有次。

　　这是一款住宅内花园处的景观设计。通过人工手段将草地沿着弧形的边缘进行修剪，并使弧形元素贯穿整个花园，打造生动且柔和的空间效果。

　　这是一款庭院花园内休息区域的景观设计。将草地修剪出一块方形的区域摆放供人休息的桌椅，"众星捧月"的设计手法使空间主次分明。

配色方案

双色配色

三色配色

五色配色

佳作欣赏

4.3 市政景观设计

　　市政景观设计是对城市的一种合理性的规划，如广场设计、道路景观设计、滨水景观设计等。不同类型的场景要运用不同的设计手段。例如，广场设计要满足多种社会生活的需求，充分考虑空间的有效性和整体性。道路景观设计要将绿化、美化和文化融合在一起，使城市的景观风貌得以升华。滨水景观设计要充分地与自然相结合，使空间的整体氛围优美且舒适。

　　特点：

◆ 注重设计的整体性。

◆ 注重设计元素的尺度与比例。

◆ 与周围环境协调一致。

4.3.1 广场设计

设计理念：这是一款城市中，休闲广场的景观设计。空间以"粗犷"和"辽阔"为设计理念，打造具有丰富的质感和历史感的空间效果。

色彩点评：深灰色的地面和陈旧的建筑本色，奠定了空间沉稳、深厚的情感基调，搭配温和而又平静的实木色，为低沉的空间增添了温馨的气氛。

① 空间摒弃了细致的设计手法，大量采用混凝土、木材和粗糙的钢板等材质，与"粗犷"的主题相呼应。

② 空间的设计元素简洁明了，用少许的座椅和树木对空间进行基本的陈设和装饰，与"辽阔"的主题相呼应。

③ 将座椅和新的树木整合在一起，使其成为空旷场地中的视觉焦点。

- RGB=109,108,112 CMYK=65,58,51,3
- RGB=194,146,92 CMYK=30,47,68,0
- RGB=91,80,74 CMYK=68,67,67,22
- RGB=93,91,52 CMYK=68,59,90,21

这是一款广场内休息区域的景观设计。空间在每个植物群落中均种植了多样的品种，在城市中最大限度地将自然景观的生态系统展现出来，打造饱满且自然的休息空间。

- RGB=64,65,62 CMYK=76,69,70,34
- RGB=122,134,88 CMYK=60,43,74,1
- RGB=158,159,147 CMYK=44,35,41,0
- RGB=200,180,107 CMYK=29,29,64,0

这是一幅休闲娱乐广场的项目概览图。空间充分地运用图形和线条元素，并通过植物和喷泉景观打造动静结合且充满活力的广场空间。

- RGB=52,82,37 CMYK=81,57,100,30
- RGB=158,154,159 CMYK=44,38,32,0
- RGB=187,173,164 CMYK=32,33,33,0
- RGB=231,193,140 CMYK=13,29,48,0

广场设计技巧——独特的设计形式，打造个性化的广场氛围

广场是一个可以将人群聚集到一起的静态的休闲娱乐活动空间，因此设计形式不仅仅局限于简单的装饰元素的陈列，也可以在设计的过程中通过新奇的设计手法和夸张的表现形式创造出个性化的空间氛围。

这是一款以艺术涂鸦为设计元素的广场设计。空间大胆地运用图形和色彩，通过冷暖色调的对比和抽象的图案效果，打造具有较强视觉冲击力的休闲娱乐空间。

这是一款广场内休息处景观设计。空间整体氛围活跃而又前卫，大量运用图形元素对空间进行装饰，通过相互错落的雕塑和凹凸有致的座位打造个性化十足的空间效果。

配色方案

双色配色

三色配色

四色配色

佳作欣赏

4.3.2　道路景观

设计理念： 这是一款公共空间道路的景观设计。整体通过丰富的设计元素打造具有强烈层次感的道路景观效果。

色彩点评： 空间以米色和驼色为主，相同色系的配色方案通过跳跃的组合方式来丰富空间的视觉效果，打造温馨、柔和、沉稳、平静的空间效果。

🔘 道路两侧以均等的距离陈设球体装饰物，是对道路与左右两侧空间的划分，也是对以直线和矩形为主要设计元素的硬朗的空间效果的中和。

② 在道路的一侧陈列抽象的几何体雕塑，运用镜面不锈钢材质对空间的部分景观进行映射，在丰富空间效果的同时也为空间带来了强烈的艺术气息。

③ 空间多处设有供人休息的座椅，并与空间的整体装饰风格相协调，人性化的设计方案为来往的行人提供了更加优质的体验效果。

- RGB=217,192,169　CMYK=18,27,33,0
- RGB=193,177,155　CMYK=30,31,38,0
- RGB=151,131,103　CMYK=49,50,61,0
- RGB=173,168,153　CMYK=38,32,39,0

这是一款公寓室外山坡处的道路景观设计。在供人行走的台阶的左右两侧种满了低矮的绿色植物，平稳且规整，与庭院外层次丰富的植物相呼应，创造出饱满且自然的空间氛围。

- RGB=224,222,223　CMYK=14,12,11,0
- RGB=113,131,43　CMYK=65,43,100,2
- RGB=102,105,114　CMYK=68,59,49,3
- RGB=43,43,46　CMYK=82,77,72,51

这是一款度假村内泳池间道路的景观设计。道路区域将雪糕棒形状的踏步石相互错落地进行陈列，长短不一，凹凸有致，打造活跃、柔和的空间氛围。

- RGB=205,198,193　CMYK=23,22,22,0
- RGB=142,205,226　CMYK=48,8,13,0
- RGB=94,99,26　CMYK=69,55,100,17
- RGB=35,32,30　CMYK=81,78,79,62

道路景观设计技巧——善于运用曲线元素，使空间的氛围得以缓和

曲线元素蜿蜒、柔美，在设计道路景观时可以将曲线元素融入其中，柔和的线条会增强空间的流动性，中和空间的生硬感。

这是一款车行道与人行道的合并道路景观设计。将车道以弧形的形式进行设计，在功能上具有减速和缓冲的作用，在设计手法上通过弧形的线条使空间看上去更加柔和、流畅。

该空间以弧形的线条为主要的装饰元素，将相同的形状进行整齐的排列，在和谐而统一的空间氛围中营造出柔和却不失秩序的空间氛围。

配色方案

双色配色

三色配色

四色配色

佳作欣赏

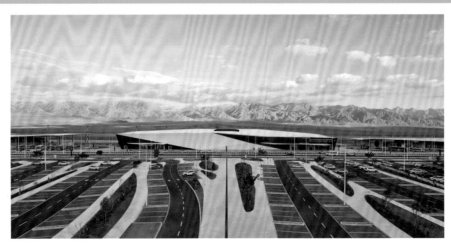

4.3.3 滨水景观

设计理念： 这是一款城市公寓内花园处的滨水景观设计。空间将自然景观与人工景观结合在一起，打造出清新且舒适的景观效果。

色彩点评： 空间以自然界的色彩为主，碧绿的溪水、清脆的绿植搭配岸边深棕色的座椅和深灰色的坐垫，打造自然而不失沉稳的滨水景观。

① 形态自然的泳池在草木之间蜿蜒延展，柔和的曲线在空间中呈现得流畅且随意，营造出柔和、优雅的空间氛围。

② 在岸边放置了两个低矮的竹藤座椅，内置布艺坐垫和抱枕，打造出安闲、惬意的空间氛围。

③ 空间中的绿植景观饱满充实，层次丰富，使人有置身大自然之感。

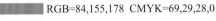

■ RGB=84,155,178 CMYK=69,29,28,0
■ RGB=140,143,15 CMYK=30,31,38,0
■ RGB=129,98,84 CMYK=56,64,66,8
■ RGB=187,177,176 CMYK=31,30,27,0

这是一款滨水公园岸边处的景观设计。入口休息区通过一个木板路休息空间延伸至水边，自然且舒适。在岸边堆砌一些小石子元素，对岸边进行碎石护岸处理，使空间具有很强的可塑性，与此同时，碎石与碎石之间的间隙也有利于动植物和微生物的生长。

■ RGB=178,190,199 CMYK=36,21,18,0
■ RGB=134,148,40 CMYK=57,36,100,0
■ RGB=203,201,191 CMYK=20,22,23,0
■ RGB=224,183,138 CMYK=16,33,47,0

这是一款河景观栈道处的滨水景观设计。绿色的植物由栈道的左侧边缘处渐渐延伸到河内，过渡自然、层次丰富。

■ RGB=104,171,34 CMYK=67,49,100,7
■ RGB=68,69,29 CMYK=73,64,100,38
■ RGB=167,165,104 CMYK=42,32,66,0
■ RGB=190,188,186 CMYK=30,24,24,0

滨水景观设计技巧——平行曲线路径，使空间氛围更加平稳、和谐

平行的曲线造型可以使整个滨水景观更加柔和、生动，在设计的过程中应注意曲线的结构及其与地形之间的关系，打造出充满律动感的滨水景观效果。

这是一款滨水公园岸边处的景观设计。空间以弧形为主要的设计元素，将岸边设置成平行的曲线路径，打造柔和且富有强烈动感的空间氛围。从岸边向外延伸的观望台从整体效果来看具有强烈的放射性，增强了空间的扩张感。

这是一款水边公园的滨水景观设计。该设计将城市引向公园，将公园引向水边，蜿蜒辗转的岸边使整个空间看上去更富生命力，流畅、动感，富有弹性。

配色方案

双色配色

三色配色

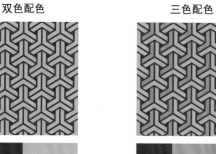

四色配色

佳作欣赏

4.4 商业景观设计

　　商业空间是一个人流量较为密集的地方，因此在设计商业景观的过程中应该着重强调空间的用户体验感，使人们在享受购物快感的同时也能够体验到商业景观所带来的新奇、有趣的感觉。

　　特点：

◆ 铺装尺度亲切和谐。

◆ 适应不同空间变化的需求。

◆ 体现个性化和特色。

4.4.1　商业街景观设计

设计理念： 这是一款国外的商业街景观设计。通过新奇的创意营造出具有强烈设计感的艺术空间。

色彩点评： 空间色彩鲜艳丰富，以红色和粉红色为主，暖色系的配色方案使空间整体更加热情、浪漫，并配以少许的冷色调蓝色作为点缀，通过冷暖对比的方式增强空间的视觉冲击力。

❶ 在空间的中心位置处并列摆放着"X"形的艺术躺椅，造型独特、色彩夺目，精致且前卫的装饰元素使整个空间更加热情、活跃。

❷ 空间善于运用条纹元素，通过流畅的线条和鲜亮的色彩打造时尚的休闲购物空间。

❸ 弧形的"X"躺椅能够使每一个躺下的人以不同的角度来观赏繁华的街景。

RGB=180,67,143　CMYK=38,85,14,0

RGB=247,55,87　CMYK=0,89,53,0

RGB=90,152,211　CMYK=67,34,5,0

RGB=74,76,98　CMYK=79,73,51,12

这是一款商业空间内街处的景观设计。在街道处设置公共长椅，该长椅由弹性金色氨纶组成，包裹着柔软的泡沫内饰，柔软而又闪耀，使空间的整体氛围得以升华。

RGB=231,208,132　CMYK=15,20,55,0

RGB=46,43,35　CMYK=78,74,82,55

RGB=110,116,117　CMYK=65,53,51,1

RGB=243,217,181　CMYK=7,19,31,0

这是一款商业街艺术装置的景观设计。在空间中放置带有艺术装饰画的正方体模型，在丰富空间的同时也通过均等距离的摆放为空间营造出和谐统一之感。

RGB=226,105,98　CMYK=13,72,54,0

RGB=3,83,198　CMYK=90,68,0,0

RGB=12,160,141　CMYK=78,19,53,0

RGB=71,73,91　CMYK=79,73,54,16

商业街景观设计技巧——善于运用装饰元素来活跃空间的氛围

　　商业街是将设施与周围环境结合在一起的综合空间，因此在设计的过程中除了一些基础的设施外，还要善于运用装饰元素来丰富空间，通过对不同风格的元素的运用，营造出不同风格的空间效果。

　　这是一款商业步行街街道处的景观设计。将雕塑元素悬挂在空间的上方，有趣的飘浮装置通过图形之间的组合与搭配形成了立体且富有层次感的空间亮点，为空间带来了活力与生机。

　　这是一款商业街道的景观设计。在街道的内侧采用色彩和图形对空间进行装饰，自由随意的图形使整个空间看上去更加活泼、轻松。

配色方案

双色配色

三色配色

四色配色

佳作欣赏

4.4.2 酒店景观设计

设计理念：这是一款酒店室外庭院处的景观设计。空间通过看似对立的事物之间的相互搭配，创造出令人意想不到的特殊美感。

色彩点评：空间色彩不加多余的装饰，自然稳重，搭配黑色的装饰物，营造出安定而又平稳的空间氛围。

🔘 庭院前方的黑色雕塑活泼、生动，具有跳跃、灵动的视觉效果，通过装饰元素将固态空间装扮得活灵活现。

🔘 庭院中的植物疏密有致，树木高大雄壮，从庭院内向外延伸，同时也能够增强内外空间的关联性。

🔘 右侧的墙壁凹凸有致，与其他平面形成鲜明的对比，增强了空间的层次感。

RGB=136,129,118 CMYK=55,49,52,0
RGB=249,238,221 CMYK=4,9,15,0
RGB=113,121,65 CMYK=64,49,87,5
RGB=47,40,44 CMYK=79,79,72,52

这是一款度假酒店室外的景观设计。每个房间都设有独立的凉亭空间，更加方便消费者欣赏室外的美景。将酒店建筑与绿色植物结合在一起，两者之间相互交会融合，层次丰富、自然清凉，为消费者带来独特的生活体验之旅。

RGB=201,172,141 CMYK=26,35,45,0
RGB=115,123,69 CMYK=63,48,85,4
RGB=248,248,248 CMYK=3,3,3,3
RGB=95,95,94 CMYK=90,62,59,10

这是一款酒店室外花园休息处的景观设计。在大面积的草地中设置一块休息区域，舒适的躺椅搭配遮阳伞，并采用布艺材质和实木材质，打造舒适且自然的空间氛围。

RGB=179,181,129 CMYK=37,25,55,0
RGB=122,116,111 CMYK=60,54,54,2
RGB=213,211,211 CMYK=19,16,15,0
RGB=115,99,89 CMYK=62,62,63,9

酒店景观设计技巧——设置室外休息区域提升用户的体验感

酒店是服务类的商业空间建筑，其根本目的是服务于消费者，因此在设计的过程中应着重考虑用户的体验感。在酒店的室外设置供消费者休闲、娱乐、休息的空间区域，可以通过人性化的设计方案创造出舒适、惬意的空间氛围。

这是一款度假酒店室外休息娱乐区域的景观设计。以线条为主要的设计元素，流畅的曲线使这个空间看上去更加温和柔顺。在泳池的外侧设有供消费者休息的座椅和遮阳伞，使休息区域更加舒适、惬意。

这是一款度假酒店室外休息区域的景观设计。空间围绕着室外的泳池以均等距离并列摆放供消费者休息的舒适的座椅，在装饰室外空间的同时也为消费者提供更加舒适的休息空间。

配色方案

双色配色

二色配色

四色配色

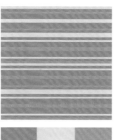

佳作欣赏

4.5 公园景观设计

公园是为公众提供游览、观赏、休憩、开展科学文化及锻炼身体等活动的公共场地，受众十分广泛，因此在设计的过程中要着重凸显空间的包容性、舒适度以及自然生态，尽可能地为受众带来更加安适、惬意且美观的休闲场所。

特点：

◆ 保护生态环境以及物种的多样性。

◆ 空间设计开朗化。

◆ 设施完善。

4.5.1 植物景观设计

设计理念：这是一款花园内的植物景观设计。该空间将康定斯基画作特点融入广袤的自然环境之中，使花园整体充满了个性化。

色彩点评：空间色彩柔和、浪漫，通过暖色调的配色方案打造温馨而又浪漫的花园空间。

🌀 该空间以圆形为主要的设计元素，通过面积的不同、色彩的变换和元素的叠加打造极具空间感和层次感的花园景观。

🌀 将植物种植在圆形的花坛中，让规整的结构与自然相融合，疏密有致的植物使空间的整体氛围更加活泼生动。

🌀 花园使用石材形成不同的高度层级，采用渐变的坡度使空间更加活跃生动。

RGB=162,130,128 CMYK=44,52,44,0
RGB=197,169,147 CMYK=28,36,41,0
RGB=214,203,207 CMYK=19,21,15,0
RGB=82,61,58 CMYK=68,74,71,35

这是一款公园内中轴走廊区域的景观设计。将植物作为空间的间隔元素，并将多组植物群落错落陈列，搭配矩形的造型，营造出规整有序的空间氛围。

RGB=210,195,182 CMYK=21,24,27,0
RGB=152,150,71 CMYK=49,38,83,0
RGB=94,102,49 CMYK=69,54,96,15
RGB=180,118,81 CMYK=37,61,71,0

这是一款绿植公园的景观设计。空间中植物种类多样、层次丰富饱满，并在大面积的绿植空间中种植红色系的植物作为点缀，以此来增强空间的视觉冲击力。

RGB=37,71,24 CMYK=74,63,100,37
RGB=227,217,212 CMYK=13,16,15,0
RGB=49,43,37 CMYK=76,75,79,54
RGB=95,39,35 CMYK=57,88,85,40

植物景观设计技巧——以植物造景为主

在景观设计中，植物是把双刃剑，好的植物景观设计能够将空间的主题进行升华，但杂乱无章的植物景观只会让空间呈现破败不堪的荒凉景象，因此在植物景观设计的过程中，可以通过植物造型，创造出具有艺术气息的植物景观效果。

这是一款屋顶花园鸟瞰图的景观设计。将植物元素以多边形的造型进行陈列，通过相互垂直或平行的排列打造规整有序的空间效果。

这是一款城市公园鸟瞰图的景观设计。空间拥有起伏错落的地形和大量的自然元素。将清脆自然的植物以树叶的形状进行呈现，使空间的整体氛围更加柔和、温顺。

配色方案

双色配色

三色配色

四色配色

佳作欣赏

4.5.2 道路景观设计

设计理念：这是一款公园中水景区道路的景观设计。空间通过蜿蜒的路径和天然的设计元素打造柔和、沉稳的空间氛围。

色彩点评：空间采用温馨、淡然的实木色和自然的草绿色营造出与自然相贴近的道路景观效果。

❶空间以线条为主要的设计元素，通过横向与纵向的线条将行进路线进行划分，将直线元素与曲线元素结合在一起，使空间整体氛围呈现动静结合的效果。

❷空间以线条元素作为道路与道路之间的隔断，与地面上的样式相统一，使空间的整体氛围和谐而平稳。

❸在隔断的左侧或右侧设有花坛，将低矮的绿色植物种植在隔断的侧面，具有透视效果的间隔隔断可以在人们行走的过程中将低矮的花坛景观呈现在受众的眼前。

RGB=196,124,126 CMYK=29,38,52,0
RGB=217,136,36 CMYK=19,56,91,0
RGB=131,114,97 CMYK=56,56,62,3
RGB=116,125,46 CMYK=63,47,100,4

这是一款住宅区通往观景亭处的道路景观设计。通过小巧而又精致的灯光对行进路线进行点缀，在照亮黑夜的同时也是对行进路线的一种引导。

这是一款公园内休息区域的景观设计。空间的道路由均等间隔的台阶组合而成，并在台阶的左右两侧设有树木和休息区域，打造自然、惬意的道路景观效果。

RGB=125,109,115 CMYK=60,59,49,1
RGB=65,85,34 CMYK=77,57,100,27
RGB=148,97,25 CMYK=49,66,100,9
RGB=64,86,118 CMYK=83,69,42,4

RGB=226,105,98 CMYK=13,72,54,0
RGB=3,83,198 CMYK=90,68,0,0
RGB=12,160,141 CMYK=78,19,53,0
RGB=71,73,91 CMYK=79,73,54,16

道路景观设计技巧——界限分明的道路景观使空间规整有序

公园内的道路景观设计可以通过分明的界限营造出规整有序的空间氛围，使其在自然、轻松的室外环境中脱颖而出。

这是一款公园内行进路线的景观设计。道路与自然景观融为一体，并将路线的左右两侧设置成较高的围墙隔断，在起到维护作用的同时，也是对行进路线的一种着重展现。

这是一款公园内通往休息区域的道路景观设计。空间以矩形为主要的设计元素，通过规则整齐的矩形元素使空间整齐划一、有条不紊。

配色方案

双色配色

三色配色

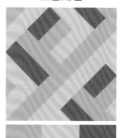

五色配色

佳作欣赏

4.5.3 雕塑景观设计

设计理念：这是一款公园内艺术装置处的景观设计。空间以大胆的图案和鲜艳的颜色打造炫目的雕塑景观效果。

色彩点评：空间色彩鲜艳、大胆，亮眼夺目的粉色搭配醇厚低调的黑色，碰撞出前卫而又大胆的景观效果。

⬛1 空间以线条为主要的设计元素，将不同宽窄程度的线条规整而又富有变化地进行陈列，增强空间的层次感与律动感。

⬛2 通过带有坡度的起伏的地形将空间进行划分，弧形的线条与雕塑本身具有的规律的直线形成鲜明的对比。

⬛3 在雕塑的前方设有解释说明性的文字，对雕塑的创意和灵感进行解释说明，以拉近空间与受众的距离。

RGB=252,7,174 CMYK=13,87,0,0
RGB=15,4,9 CMYK=87,88,83,75
RGB=164,186,70 CMYK=45,18,84,0
RGB=231,216,196 CMYK=12,17,24,0

这是一款公园内雕塑处的景观设计。整个雕塑由不同长短的线段组合而成，层次丰富、透视感强，并且整体效果向一侧缓慢地逐渐倾斜，使整个雕塑富有韵律感。

RGB=85,84,89 CMYK=73,66,59,15
RGB=58,100,42 CMYK=80,51,100,17
RGB=42,41,39 CMYK=80,76,76,54

这是一款公园内花园外的景观设计。空间中绿色的植物层次丰富、结构饱满，并在宽敞的草地中设有趣味性十足的雕塑对空间进行点缀，使空间的整体氛围更加生动、活泼。

RGB=99,168,103 CMYK=13,72,54,0
RGB=86,99,101 CMYK=90,68,0,0
RGB=94,57,68 CMYK=65,81,63,28
RGB=122,106,95 CMYK=60,59,62,6

雕塑景观设计技巧——元素的重复使用

　　随着城市的发展和社会的进步，人们对于公园的要求已经不仅仅局限于简单的基础设施的陈列，因此雕塑成为公园设计中最常用的装饰元素之一，在设计的过程中，可以将相同或类似样式的雕塑重复运用，为空间营造出丰富的动感和韵律，同时也可以为空间创造出和谐、统一之感。

　　这是一款公园内水池旁雕塑的景观设计。在水池中放置自然优美的荷花对空间进行装饰，并将样式相似的雕塑结合在一起，营造丰富有趣的空间氛围。

　　这是一款公园内雕塑处的景观设计。空间将三组体积较大且样式相同的雕塑以倾斜角度放置在空旷的场地中，独特的材质和规整的陈列方式营造出井井有条的空间感。

配色方案

双色配色

三色配色

五色配色

佳作欣赏

4.5.4 湖景设计

设计理念：这是一款公园内湖景的景观设计。空间整体氛围静谧、平和，使人身心舒畅、过目难忘。

色彩点评：空间均采用来源于大自然的色彩，自然安静、平和沉稳，创造出令人难以忘怀的自然景观。

🔵 平静的湖面与左侧凹凸不平的墙面相结合，通过平静与复杂、精致与粗糙的对比增强空间的视觉冲击力。

🟢 远处的树木茂盛浓密、层次丰富，为空间营造出清凉、自然的空间氛围。

🔵 平静的湖面清澈明净，可以反射岸上的景观，使空间整体景观效果更加通透。

RGB=41,99,137 CMYK=86,61,35,0

RGB=82,124,66 CMYK=74,44,91,4

RGB=194,194,196 CMYK=27,22,19,0

RGB=166,147,136 CMYK=42,43,44,0

这是一款公园内湖景处的景观设计。在自然的小尺度空间中设有动静结合的湖水，并在周围设有种类多样、层次丰富的植物，打造自然、灵动的空间氛围。

RGB=91,110,41 CMYK=71,50,100,11

RGB=187,190,221 CMYK=31,24,10,0

RGB=124,125,100 CMYK=59,49,64,2

RGB=51,40,47 CMYK=78,81,69,50

这是一款公园内湖景的景观设计。在湖中设有蜿蜒曲折的行进路线，并通过精致且柔和的灯光将空间照亮，在湖水中零零散散地长出了自由、随意的植物，打造出了轻松、随意的景观效果。

RGB=138,74,28 CMYK=49,77,100,17

RGB=191,184,191 CMYK=90,68,0,0

RGB=85,85,49 CMYK=70,60,91,25

RGB=239,219,151 CMYK=11,16,48,0

湖景设计技巧——在湖中设置行进路线

　　湖水表面平静、安详，因此在湖景设计的过程中，可以在湖面的基础上设置供人们行走的行进路线，既方便了人们的通行，也起到了点缀空间的作用。

　　这是一款公园内湖景处的景观设计。在湖中设置蜿蜒的行进路线，使人们可以更加全方位地观赏湖中的景色，具有"移步换景"的效果。

　　这是一款校园公园内湖景处的景观设计。在湖的中央横向建设了一架简易的桥梁，既方便了师生们的通行，也起到了简单的装饰作用。

配色方案

双色配色

三色配色

五色配色

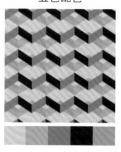

佳作欣赏

4.5.5 公园小品

设计理念：这是一款公园内小品展示区域的景观设计。空间以"组合你自己的城市栖息地"为设计主题，通过元素之间的结合创造出无限可能性。

色彩点评：乳白色的座椅为空间营造出纯净、柔和的视觉效果，与周围的景色相互融合，打造舒适且自然的空间氛围。

🪑 椅子元素既可以供人们休息，也是对空间的一种装饰和点缀，通过这个特别的景观小品设计，让来访者可以恣意地坐卧、倚靠，抑或在其上玩耍、游乐，享受城市生活的种种乐趣，与空间的主题相呼应。

②将样式相同、高矮程度不同的混凝土材质的座椅依次陈列在空间之中，渐变的高度使空间整体看上去更具流畅性。

RGB=240,238,234 CMYK=7,7,9,0
RGB=199,198,203 CMYK=26,21,16,0
RGB=113,123,86 CMYK=64,48,73,3
RGB=97,102,104 CMYK=69,59,55,6

这是一款公园内小品装饰区域的景观设计。空间运用了黏土砖和锈蚀钢板等具有工业化特征的材料作为艺术小品，营造出独特且富有个性化的景观效果。

RGB=98,70,59 CMYK=63,72,74,28
RGB=228,227,228 CMYK=13,10,9,0
RGB=191,193,198 CMYK=30,22,18,0
RGB=199,186,179 CMYK=16,27,27,0

这是一款公园内小品装饰区域的景观设计。空间以"浪漫的互动性景观"为设计主题，通过随风而转的风车和实木台阶的结合，创造出浪漫且自然的空间氛围。

RGB=237,233,237 CMYK=8,9,5,0
RGB=231,224,211 CMYK=12,12,18,0
RGB=103,118,75 CMYK=67,49,80,6
RGB=152,144,127 CMYK=48,42,49,0

公园小品设计技巧——丰富的色彩增强空间的视觉冲击力

　　景观设计并不只是单独地将元素进行陈列，有时也需要通过一些配饰小品对空间进行装饰，在选择配饰小品装饰物时，可以选择较为鲜艳且丰富的色彩来增强空间的视觉冲击力。

　　这是一款公园区域的景观设计。空间以"门"为主要的设计元素，该元素色彩鲜艳丰富，将其放置在矩形的花坛中，并设有镜子元素对空间进行反射，使空间整体更具设计感。

　　这是一款公园区域的景观设计。空间以彩带为主要的设计元素，在装点空间的同时，也在空间中围绕出一片区域供人们休息，通过丰富且高饱和度的色彩为空间创造出强烈的视觉冲击力。

配色方案

双色配色

三色配色

五色配色

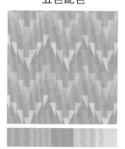

佳作欣赏

第5章　植物花卉类型及搭配方式

　　植物是景观设计中常见的装饰元素，从很大程度上来讲，植物花卉搭配得好坏会直接影响到景观设计的整体艺术效果和观赏性，因此在设计之前应该首先了解植物花卉的类型以及搭配方式和技巧。在进行细致的了解后，根据不同植物花卉的不同属性，将多种元素进行有机结合，以呈现合理并且美观的景观效果。

　　除此之外，在景观设计的过程中还应该注意植物搭配呈现的层次感，植物在不同季节呈现的不同样式及颜色。

特点：

- ◆　常绿阔叶树木：终年常绿，树冠浑圆并呈微波状起伏。
- ◆　落叶阔叶树木：与常绿阔叶树木的区别在于夏季葱绿、冬季落叶。
- ◆　针叶树：树叶细长如针，大多为常绿树，材质较软，生长缓慢、寿命长。
- ◆　竹类：枝干挺拔、修长，四季青翠。
- ◆　藤本爬藤植物：茎干细长，自身不能直立生长。
- ◆　花卉：一种具有观赏性的草本植物，通常情况下色彩艳丽，有香味。
- ◆　草坪：景观设计中整片绿色的平坦的草地。

5.1 常绿阔叶树木

　　常绿阔叶树是一种表面呈暗绿色且叶子较为宽阔的树木，分为乔木层、灌木层和草本层。在景观设计中，常绿阔叶林能够为空间营造出青翠、自然且具有勃勃生机的视觉效果。常见的常绿阔叶树木有香樟、广玉兰、橘树、栀子树、山茶等。

　　特点：

◆ 自然、大气，具有舒展的视觉效果。

◆ 树叶柔和、舒展。

◆ 四季常青，青翠悠扬。

5.1.1 常绿阔叶树木景观设计

设计理念：这是一款公园立交桥处的景观设计。空间以阔叶树为主要的装饰元素，营造出自然而又大气的空间氛围。

色彩点评：空间以阔叶树木的深绿色为主色，浓郁纯正的色彩与立交桥的深灰色相搭配，为行走路过的人们营造出稳重、坚固的视觉效果。

① 阔叶树木在该景观中占据着较大的面积，自由且柔和的大片绿叶与规整坚固的立交桥形成鲜明的对比，为空间增强了视觉冲击力。

② 在远处较为低矮的位置同样种植着阔叶树木，形成交相辉应的同时，由于观赏角度的不同和立交桥隔断的原因，产生若隐若现的观赏效果，为空间带来移步换景的视觉印象。

③ 斑驳的树叶与自由垂落的样式使空间看上去更加无拘无束。

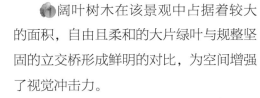

RGB=88,114,67 CMYK=72,49,87,8
RGB=86,97,117 CMYK=75,63,46,3
RGB=36,37,46 CMYK=89,81,69,52
RGB=27,59,26 CMYK=87,63,100,47

这是一款森林小屋室外的景观设计。利用阔叶树将黑色的房屋进行包围，通过整体造型向外扩散的树木对黑色且棱角分明的建筑的紧迫感和尖锐感进行中和，营造出和谐的氛围。

■ RGB=55,54,51 CMYK=78,72,73,44
■ RGB=91,102,37 CMYK=70,54,100,15
■ RGB=54,47,24 CMYK=74,72,96,54
■ RGB=159,145,125 CMYK=45,43,50,0

这是一款花园休息区域的景观设计。空间以自然景观为主要的设计元素，将实木围栏、水泥隔断座椅和阔叶树结合在一起，营造出温和、柔顺而又自然的空间氛围。

■ RGB=75,94,37 CMYK=75,55,100,21
■ RGB=151,101,72 CMYK=48,65,75,6
■ RGB=181,160,138 CMYK=35,38,45,0
■ RGB=186,138,169 CMYK=32,26,33,0

5.1.2 常绿阔叶树木景观设计技巧——大面积的树林营造自然氛围

阔叶树木单独呈现会使空间看上去过于单薄，因此在景观设计的过程中，种植大面积的常绿阔叶树木会为空间营造出饱满且充满自然气息的空间氛围。

这是一款住宅庭院处的景观设计。大面积的草地与阔叶树林，再配以少许的石质材质对空间的行进路线和隔断进行装饰，营造出饱满、丰富且自然的空间氛围。

这是一款林地雨水花园处的景观设计。地面铺装为花岗岩与石灰石碎石。石砌矮墙背后的台地远处以大面积的阔叶林为主，打造茂密、浓郁且不失自然风情的空间氛围。

配色方案

双色配色	三色配色	四色配色
		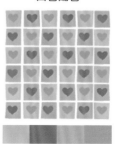

佳作欣赏

5.2 落叶阔叶树木

　　落叶阔叶树木与常绿阔叶树木的区别在于植物开放的季节，不同于常绿阔叶树木，落叶阔叶树木在不同的季节会呈现不同的风貌，由于其冬季落叶、夏季葱绿的基本属性，因此人们又称其为夏绿林。常见的落叶阔叶树木有垂柳、枫、杨、龙爪柳、木芙蓉、山麻杆、白玉兰等。

　　特点：

◆ 种类多样。

◆ 不同季节呈现的色彩各不相同。

◆ 使空间富有变化。

5.2.1 落叶阔叶树木景观设计

设计理念：这是一款花园内草坪原生树林处的景观设计。空间以"放大强有力的森林景观，使其作为主导"为设计主题，在景观中种植大量绿植。

色彩点评：空间色彩多样且浓郁，浅秋稍有泛黄的叶子、草绿色的草坪、深棕色的土壤、搭配深灰色的路面，使空间看上去柔和而又温馨。

1 空间以矩形为主要的设计元素，与平整的草坪相呼应，使空间整体看上去更加规整有序。

2 平坦的草坪以均等高度的小草共同塑造而成，以人工处理的方式进一步地加深空间规整的视觉效果。

3 为了避免过于严谨、规整的视觉效果带来的审美疲劳，采用大面积的阔叶树木对空间的氛围进行中和，为空间增添活跃且生动的氛围。

RGB=206,195,86　CMYK=27,21,75,0
RGB=116,69,45　CMYK=55,75,88,26
RGB=96,93,96　CMYK=69,63,57,10
RGB=23,26,15　CMYK=84,77,91,69

这是一款花园草坪与娱乐区域的景观设计。在平坦的草坪上种植落叶阔叶树木，随着季节的变换，不论是在干枯的树枝上还是在绿色的草坪上，均有泛黄的落叶，在丰富色彩的同时也营造出了唯美的空间氛围。

RGB=75,108,35　CMYK=76,50,100,12
RGB=92,81,40　CMYK=66,63,97,28
RGB=188,162,135　CMYK=32,38,47,0
RGB=219,54,88　CMYK=17,90,53,0

这是一款室外咖啡厅远处行进道路的景观设计。在道路的一侧种植柳树，通过细长的柳条使远处的商业空间若隐若现，其向下垂落的形态使空间具有强烈的垂感。

RGB=94,98,54　CMYK=68,56,91,17
RGB=77,71,45　CMYK=70,65,88,35
RGB=180,173,156　CMYK=35,31,38,0
RGB=122,91,34　CMYK=56,64,100,17

5.2.2 落叶阔叶树木景观设计技巧——由于季节的变换呈现丰富的色彩

落叶阔叶树木最大的特点则是叶子会随着季节的变换而变化，因此在设计的过程中，可以利用这一特点使景观在不同的季节呈现不同的色彩，避免了单调乏味的景观效果。

这是一款餐厅室外花园处的景观设计。茂密的落叶阔叶树木在空间中靠着墙围隔断的一侧整齐陈列，由于季节的变换和不同的植物种类搭配，使空间中绿色和黄色叶子的植物并存，打造丰富、饱满且宜人的景象。

这是一款酒店室外林荫小道处的景观设计。在蜿蜒小路的左右两侧种植着常绿、落叶树种，与林下灌木和地被共同构成饱满的混交林，不同植物的丰富色彩增强了空间的视觉冲击力。

配色方案

双色配色

三色配色

五色配色

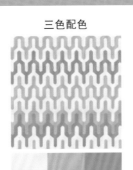
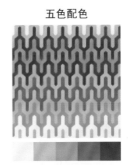

佳作欣赏

5.3 针叶树

　　针叶树，如字面意思，树叶细长如针，由于材质较软，故又称软材。以乔木或灌木为主，称为木质藤本。常见的针叶树有雪松、红松、黑松、龙柏、苏铁、南洋杉、柳杉、翠柏、五针松等。

特点：

◆ 树叶细长如针。

◆ 多为常绿树。

◆ 经济价值和观赏价值并存。

5.3.1　针叶树景观设计

设计理念：这是一款住宅室外庭院内泳池区域的景观设计。空间以"极具古典美"为设计主题，通过泳池的颜色营造出古典且优美的视觉效果。

色彩点评：除了自然界的绿色以外，

空间将泳池的底色设置为鲜活而又热情的红色，使其与绿色形成鲜明的对比，增强了空间的视觉冲击力，因此将地面和装饰性的石头设置为淳朴且平稳的色彩，对强烈的对比效果进行中和。

1 针叶树尖锐有力，矩形泳池规则整齐，将两者融合在一起，营造出稳固而又强硬的视觉效果。

2 为了避免空间的效果过于死板，在泳池周围种植茂盛的阔叶树木，对空间的视觉效果进行中和。

RGB=210,65,58　CMYK=22,87,77,0
RGB=214,202,195　CMYK=19,21,21,0
RGB=150,118,80　CMYK=49,56,73,3
RGB=37,40,23　CMYK=80,72,93,60

这是一款庄园室外庭院处的景观设计。空间采用简化的布局形式、规律性排列的植物和褐色的直线线条隔断，营造简约、牢固、色彩平和且稳重的空间氛围。

RGB=124,148,46　CMYK=60,34,100,0
RGB=249,242,236　CMYK=3,7,8,0
RGB=99,69,54　CMYK=62,72,78,30
RGB=54,71,35　CMYK=79,61,100,38

这是一款住宅室外林区的景观设计。空间以针叶树为主要的设计元素，高大挺拔的树木搭配尖锐的针状树叶，打造层次丰富、大气的视觉效果。

RGB=38,48,59　CMYK=87,78,65,42
RGB=217,206,185　CMYK=19,19,28,0
RGB=40,64,61　CMYK=85,67,71,37
RGB=117,135,107　CMYK=62,42,62,0

111

5.3.2 针叶树景观设计技巧——与矩形元素相搭配，中和尖锐的视觉效果

针叶树由于其自身的形态属性，通常会为空间营造出尖锐锋利的视觉效果，因此在设计的过程中加入矩形元素，通过其稳固、牢靠的视觉效果对空间的氛围进行中和。

这是一款酒店室外泳池区域的景观设计。叶子尖锐的针叶树木整体形状向外自然地进行扩散，搭配光洁如镜的水面和稳固的矩形建筑造型，带来一种和谐而又统一的美感。

这是一款住宅室外庭院处的景观设计。建筑以矩形为主要的设计元素，并在周围种植针叶树木，平台和花园小径以粗糙的石材进行铺设。通过多种元素的结合对空间的氛围进行中和，打造和谐轻松的空间氛围。

配色方案

双色配色

三色配色

五色配色

佳作欣赏

5.4　竹类

　　竹类是中国园林设计构成的主要设计元素，其色泽碧绿、滴沥空庭、翠影离离，并具有净化空气、消除污染、吸滞粉尘、减小噪声、降灭细菌、调节空气湿度、改善小气候、保持水土、遮阴降温等功能。常见的竹类有慈孝竹、刚竹、毛竹、紫竹、观音竹、凤尾竹等。

　　特点：

◆ 刚柔并存。

◆ 适应能力强，用途广。

◆ 四季青翠。

5.4.1 竹类景观设计

设计理念: 这是一款建筑住宅室外区域的景观设计。空间以"坚固而轻盈,蓬勃且温柔"为设计主题,通过钢架和绿色植物的搭配与主题呼应。

色彩点评: 空间以深灰色和黑色为主,低明度的、浓郁的色彩为空间营造出平稳低调的视觉效果。搭配自然植物的绿色,为深厚的空间效果增添了一丝清新与自然。

🔩 钢架材质棱角分明,坚硬稳固,竹子亭亭玉立,四季常青,两者在空间中形成鲜明的对比,使空间具有较强的视觉冲击力。

🔩 空间以矩形图形为主要的设计元素,通过钢制线条结合而成的矩形图形整齐地进行排列,营造出规整有序的空间氛围。

RGB=45,44,49 CMYK=82,78,70,49

RGB=177,181,187 CMYK=36,26,22,0

RGB=105,127,67 CMYK=67,46,87,4

这是一款公寓楼室外走廊区域的景观设计。在空间的左右两侧种植高挑的竹子,深灰色的中式风格砖立面、鲜黄色的背景墙面、绿色的植物和深实木色的遮挡板,打造稳重而不失清新的空间氛围。

RGB=199,199,195 CMYK=26,20,22,0

RGB=43,51,64 CMYK=86,78,63,38

RGB=63,78,45 CMYK=77,60,93,32

RGB=249,230,90 CMYK=9,10,71,0

这是一款花园内竹林处的景观设计。在竹林小径的左右两侧种满了亭亭玉立的竹子、岩石喷泉中涌出的细流所发出的潺潺水声吸引漫步的游客深入树林荫翳、光影斑驳的道路尽头。

RGB=185,207,101 CMYK=36,9,71,0

RGB=54,64,19 CMYK=78,64,100,43

RGB=155,153,116 CMYK=47,37,58,0

RGB=72,69,46 CMYK=72,66,86,36

5.4.2 竹类景观设计技巧——盆栽竹造景不受空间限制

盆栽竹是指将竹子直接种植于花盆之中，该种植方式不受空间与位置的影响，更方便景观的组合与移动。

这是一款办公建筑室外的景观设计。将种植在花盆之中的自然而又清新的竹子搭配曲线的白色大型花盆，使空间的整体氛围纯净而又美好。

这是一款儿童医院走廊休息区域的景观设计。大量的竹子元素种植在渐变色的花盆中，并在周围设有木质长凳与灯光相搭配，营造出清新、自然而又舒适的空间氛围。

配色方案

双色配色

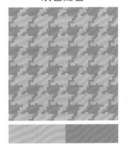

三色配色

四色配色

佳作欣赏

5.5 藤本爬藤植物

藤本爬藤植物由于其细长的茎干，自身不能独立生长，必须依附于他物才能向上攀爬。因此在景观设计的过程中，可以充分利用该植物垂直绿化的特点，在节省空间的同时对空间进行装饰，增加空间绿化面积，提高整体绿化水平。常见的藤本爬藤植物有紫藤、络实、地锦、常春藤、葡萄藤、扶芳藤等。

特点：

◆ 如果有支撑物，它会成为藤本；如果没有支撑物，它会长成灌木。

◆ 生长蔓延速度较快。

◆ 垂直空间绿化。

5.5.1 藤本爬藤植物景设计

设计理念：这是一款建筑住宅室外庭院处的景观设计。空间以"细长的砖柱和大面积开窗与植物相得益彰，为城市增添绿色"为设计主题，通过大量的绿植与主题呼应。

色彩点评：空间以石头低沉的色调为底色，使空间整体看上去稳重、平和，搭配大量的绿色植物，为平淡的空间增添了一丝自然与清新。

1️⃣ 多组爬藤植物由花坛延伸到垂直的建筑物上，并顺着建筑物表面向四周蔓延，在立面上描绘出丰富的图案。

2️⃣ 庭院的地面由不规则几何形状的碎石拼接而成，与建筑物的砖柱相呼应。

3️⃣ 在庭院之外种植两棵高大的树木，与庭院之内的绿植相呼应，使空间整体看上去更加和谐统一。

RGB=111,110,97 CMYK=64,55,62,5
RGB=203,192,173 CMYK=25,24,32,0
RGB=143,122,101 CMYK=52,54,61,1
RGB=78,86,44 CMYK=73,58,96,26

这是一款学校后勤建筑物的景观设计。以"实现建筑与环境的互利共存"为设计理念，将植物作为空间中主要的设计元素。在建筑物上设有酚醛板和清漆氧化钢板，以便藤蔓植物可以自由地攀爬，展现与自然环境的无限融合。

RGB=121,94,83 CMYK=59,65,65,11
RGB=213,184,110 CMYK=22,30,62,0
RGB=113,121,58 CMYK=64,48,92,5
RGB=154,139,87 CMYK=48,45,73,0

这是一款办公建筑物外貌的景观设计。空间以"对乡村生活的呼唤"为设计主题。建筑物上的爬藤与延伸到建筑物之外的丰富绿植为空间营造出自然、随性的空间氛围。

RGB=205,198,187 CMYK=23,21,26,0
RGB=93,115,55 CMYK=71,49,96,8
RGB=159,169,77 CMYK=46,28,81,0
RGB=63,42,32 CMYK=69,78,84,5

5.5.2 藤本爬藤植物景观设计技巧——向下垂落的植物，增强空间的纵深感

藤本爬藤类植物通过周围不同的环境会产生向上或者向下的生长方向，不同的生长方向为空间带来的视觉效果也有所不同，例如，向下垂落的植物会增强空间的纵深感。

这是一款室外花园处的景观设计。空间植物种类丰富，形态饱满，大型的花坛设有向外凸起的部分，少量的藤本爬藤植物沿着花坛的边缘向下垂落，增强了空间的纵深感。

这是一款住宅处室外花园区域的景观设计。通过阶梯的形式为空间营造出丰富的层次感，每一级阶梯上都延伸出爬藤并向下垂落，对空间大量的横向元素进行中和，增强了空间的纵深感。

配色方案

双色配色   三色配色   五色配色

佳作欣赏

5.6 花卉

花卉是景观设计中常见的重要装饰元素，在景观设计的过程中，花卉的运用会直接影响着园林设计的整体效果，合理的花卉设计能够使空间看上去更加和谐、美观。常见的花卉有太阳花、长生菊、一串红、美人蕉、五色苋、甘蓝（球菜花）、 菊花、兰花等。

特点：

◆ 颜色丰富、鲜艳。

◆ 品貌鲜活、优美。

◆ 丰富多样。

5.6.1 花卉景观设计

设计理念： 这是一款博物馆室外花坛处的景观设计。将花卉有规则地种植在多组花坛之内，使空间的整体氛围规整而不失浪漫。

色彩点评： 空间以花朵的鲜红色为主色，搭配温和的紫色和鲜明的黄色，并以植物的绿色和地面的浅灰色作为底色，为空间营造出丰富多彩、温馨浪漫的空间氛围。

🌸地面以矩形砖块为主要的设计元素，将砖块相互错落平行摆放，与曲线的花坛形成鲜明的对比。

🌸空间色彩鲜艳、丰富，以红色和绿色为空间营造出对比效果，增强了空间的视觉冲击力。

🌸花坛以曲线为主要的设计元素，与多彩浪漫的花朵相结合，使整个空间看上去更加柔和、顺畅。

- RGB=165,29,38　CMYK=41,100,97,8
- RGB=83,70,84　CMYK=73,74,57,20
- RGB=178,120,42　CMYK=38,59,94,1
- RGB=38,22,19　CMYK=76,86,84,67

这是一款屋顶处花园的景观设计。在屋顶的四周种植大量的绿植和花卉，并放置了一个汽车模型对空间进行装饰，使空间的氛围更加活跃。在中心位置处设置供人们休息的座椅，能够使人们在观赏景观的同时产生更加舒适的体验。

- RGB=27,24,24　CMYK=84,81,80,67
- RGB=203,175,90　CMYK=27,33,72,0
- RGB=106,121,38　CMYK=67,47,100,6
- RGB=225,178,120　CMYK=16,36,56,0

这是一款住宅室外庭院处的景观设计。通过种类丰富、高矮错落的植物使建筑住宅的轮廓线条得到柔化，利用鲜艳、可爱的植物为场地带来一年四季富有意趣的纹理和色彩。

- RGB=99,122,50　CMYK=69,46,100,5
- RGB=150,96,153　CMYK=51,71,16,0
- RGB=217,184,130　CMYK=20,31,52,0
- RGB=160,176,204　CMYK=43,27,12,0

花卉景观设计技巧——在固定区域内种植花卉

花卉作为自由生长的植物会为景观带来自然且轻松随意的空间氛围，但如果将大量的花卉和绿植随意地进行种植，则会使空间整体看上去杂乱无章、毫无美感可言，因此在设计的过程中，可以将花卉和绿植种植在规定的范围之内，使空间的区域化更加明显，营造出规整而不失自然的视觉效果。

这是一款行业建筑室外花园区域的景观设计。将花卉和绿植种植在规定的范围内，不仅为空间规划出了曲线的行进路线，同时也使空间区域划分得更加明显。

这是一款咖啡馆室外楼梯区域的景观设计。将花卉和绿植种植在台阶左右两侧的红墙之内，在丰富行进路线的同时也产生了移步换景的变换效果。

配色方案

双色配色

三色配色

四色配色

佳作欣赏

5.7 草坪

草坪在景观设计中有着不可取代的重要位置，在很多时候，草坪设计得好坏是衡量现代园林水平的标志之一。常见的草坪绿植有天鹅绒草、结缕草、麦冬草、四季青草、高羊茅、马尼拉草、三叶草、马蹄金。

特点：

◆ 可与其他植物构成丰富的层次。

◆ 可以作为丰富景观的背景。

◆ 能够提供一个足够大的空间和一定的视距以欣赏景物。

5.7.1 草坪景观设计

设计理念：这是一款住宅室外的景观设计。空间分别在地面和屋顶设置了两个面积较大的草坪，使空间的整体氛围更加清新、自然。

色彩点评：由于空间大面积为草坪，因此色彩以植物的绿色为主色，通过不同的位置、高度和角度，使不同区域颜色的明度各不相同，为相同色彩的空间营造出不同的层次和丰富的空间感。

🕐 在地面平坦的草坪上种植枝繁叶茂的高大树木，使地面空间的层次更加丰富。

🕑 将矩形的屋顶设置成规整的大面积草坪，从俯视的角度来看，与地面的草坪相互融合，使空间整体的氛围更加和谐统一。

🕒 曲线的装饰元素与地面上环形的区域相呼应，屋顶上矩形的装饰元素与屋顶的形状相呼应。

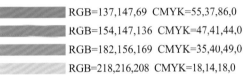

RGB=137,147,69 CMYK=55,37,86,0
RGB=154,147,136 CMYK=47,41,44,0
RGB=182,156,169 CMYK=35,40,49,0
RGB=218,216,208 CMYK=18,14,18,0

这是一款公共园区的景观设计。在空旷的场地中设置大面积的矩形草坪，在草坪内部矩形的区域设有优雅而又独特的室外装饰元素，通过曲线对矩形规整的视觉效果进行中和，营造出活跃且具有动感的空间氛围。

RGB=76,102,44 CMYK=75,52,100,15
RGB=183,195,210 CMYK=33,20,13,0
RGB=42,40,43 CMYK=81,78,72,53
RGB=204,197,188 CMYK=24,22,25,0

这是一款室外家具装置的景观设计。以空旷的草坪为背景，奠定了自然而又清新的情感基调，巨大的长椅是由单一线条围合成的不规则环形，它借助低矮的轮廓线构成一个虚构的室外房间，其形状清晰地界定出室内与室外区域。

RGB=84,95,27 CMYK=72,56,100,20
RGB=69,79,10 CMYK=75,60,100,31
RGB=200,192,182 CMYK=26,24,27,0
RGB=87,85,62 CMYK=69,62,79,24

5.7.2 草坪景观设计技巧——草坪之中的行进路线

草坪是一种可以作为景观背景的设计元素，为了使景观的整体效果更加丰富多样，可在草坪上添加行进路线，通过不同的路线效果使整体景观更加丰富、活跃。

这是一款室外花园的景观设计。草坪中的行进路线以直线线条为主要的设计元素，并通过不同的角度、不规则的折线效果和不规则图形的应用，使空间整体看上去规整却不乏变化。

这是一款住宅区室外花园行进路线处的景观设计。秋季泛黄的落叶飘落在平坦的草坪之上，并将行进路线设置为不规则的图形元素，通过其丰富的变化使空间的整体效果更加轻松、活跃。

配色方案

双色配色　　　　　　三色配色　　　　　　四色配色

佳作欣赏

第 6 章

景观设计的布局方式

景观设计是一项复杂、庞大且综合性极强的设计项目，因此在设计之前，要先拟定好景观整体的布局方式，以便后续工程的顺利进行。

景观设计的布局方式大致可分为：直线方式、对称方式、曲线方式、放射方式、自由方式、矩形＋圆形、曲线图形＋圆形或矩形、不规则图形＋圆形或矩形等。不同的布局方式会采用不同的设计技巧，因此营造出的空间氛围也各不相同。

特点：

◆ 直线的布局方式会使空间看上去流畅而又平和。

◆ 对称的布局方式能够营造出严谨且规整的空间效果。

◆ 曲线的布局方式能够使空间更加柔和，让受众身心放松。

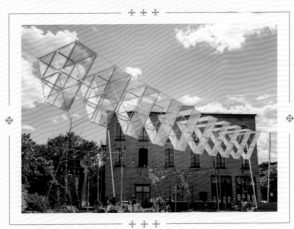

6.1 直线方式

直线元素是景观设计中重要的形式载体之一，在设计的过程中，通过直线形式自身的形态特征，为空间营造出平稳、安定的视觉效果，因此从形态构图的角度来看，可以将景观中的地形、建筑、植物、水体、地面铺装等多个元素抽象为纯粹的直线线条，打造美观且合理化的空间效果。

特点：

◆ 组织轴线，分清主次。

◆ 注重空间整体的韵律感和节奏感。

6.1.1 直线方式景观设计

设计理念：这是一款公寓内园林处的景观设计。空间以直线为主要的设计元素，通过长长短短的线条元素对空间进行装饰，打造平整、稳重的空间效果。

色彩点评：采用自然界的色彩对空间进行装饰，并将行进的道路设置为浅灰色，搭配深灰色的直线线条，使空间的氛围更加平和、稳重。

🔵 由多个笔直的短板组合而成的两个相互垂直的行进路线将空间进行划分，营造出平稳、和谐的空间氛围。

🔵 深灰色流畅的直线线条对整个空间进行分割，通过线条和线条之间的平行、垂直与交汇，使空间的整体效果更加饱满、充实。

🔵 在行进路线的周围随机陈设着长短不一的直线线条，在装饰空间的同时也使空间的氛围更加活跃。

- RGB=222,222,224 CMYK=15,12,10,0
- RGB=138,139,131 CMYK=53,43,46,0
- RGB=79,91,26 CMYK=73,57,100,23
- RGB=41,40,19 CMYK=78,73,97,59

这是一款葡萄园内住宅区室内外连接处的景观设计。将供人们踩踏的石阶内嵌在草坪中，均等的距离且相互平行的陈列方式使空间看上去更加平稳、规整。

- RGB=200,200,2 CMYK=25,20,16,0
- RGB=75,89,8 CMYK=74,57,100,24
- RGB=149,104,62 CMYK=49,63,83,6
- RGB=198,184,164 CMYK=27,28,35,0

这是一款大学校园内水景夜景景观设计。空间整体氛围宁静、惬意，将多个流水门和小巧的灯光设置在同一水平线上，通过均等的距离和直线的设计方式，打造稳固且严谨的空间效果。

- RGB=84,85,105 CMYK=78,72,50,10
- RGB=49,59,112 CMYK=99,95,39,2
- RGB=58,111,227 CMYK=80,56,0,0
- RGB=251,200,109 CMYK=0,27,64,0

6.1.2 直线方式的设计技巧——重复使用直线元素，增强空间的表现力

在景观设计的过程中，可以对直线元素进行重复使用，通过多组流畅的线条使空间整体看上去更具韵律感，增强空间的表现力。

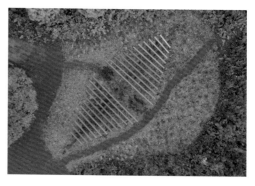

这是一款研究中心室外森林生态区域的景观设计。空间以直线为主要的设计元素，将花坛与台阶平行进行陈列，重复陈列的线条元素增强了空间的纵深感。

这是一款游乐场娱乐区域的景观设计。在空间的中央处设置供人们玩耍的跷跷板，并以跷跷板为中心，分别从左右两侧向外布置彩色的直线，并将直线元素依次缩短，增强了空间的表现力。

配色方案

双色配色

三色配色

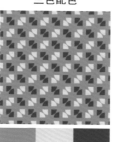

四色配色

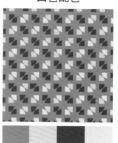

佳作欣赏

6.2 对称方式

　　对称方式是一种较为常见的景观设计手法之一，在设计的过程中，以中心线为视觉中心，左右两侧无论是在造型、距离上，还是设计元素上，均采用相对对称的设计手法，使整个空间看上去更加和谐统一。

特点：

◆ 左右两侧相对对称，并不要求所有元素完全统一。

◆ 使整体氛围规整有序、整齐划一。

◆ 使空间结构饱满。

6.2.1 对称方式景观设计

设计理念：这是一款喷泉花园夜晚的景观效果。空间通过缤纷而又细腻的暖色调灯光营造出迷人而又浪漫的空间氛围。

色彩点评：空间将喷泉下的灯光设置为低饱和度的紫色，并在花坛的外侧布置了泛黄的灯光对空间进行点缀，营造出柔和而又温馨的空间氛围。

🔘① 空间中喷泉、花坛和围栏等元素均采用对称的设计形式，左右两侧对仗工整，营造出规则整齐的空间氛围。

🔘② 空间以圆形为主要的设计元素，在中心位置处设置一个面积较大的多层次花坛，为严谨的空间增添了一丝活跃的气氛。

🔘③ 将喷泉设置成统一的高度，并通过不同的位置增强层次感，使空间动静结合，静中有变。

- RGB=179,152,192 CMYK=36,44,8,0
- RGB=216,181,119 CMYK=20,32,57,0
- RGB=23,44,30 CMYK=87,70,89,57
- RGB=102,110,133 CMYK=69,58,39,0

这是一款大学校园内庭院和水景处的景观设计。空间以中心处圆形喷泉的流水线为中心轴，左右两侧均以对称的形式进行设计，打造了规整却不死板的景观效果。

- RGB=198,192,176 CMYK=27,23,31,0
- RGB=149,115,79 CMYK=49,58,73,3
- RGB=56,72,30 CMYK=78,61,100,37
- RGB=58,66,54 CMYK=78,66,78,38

这是一款室外花园凉亭处的景观设计。整个凉亭被紫藤覆盖，与远处的景观和近处的草地相呼应，并采用对称的设计方式，使空间的氛围平稳而不失自然。

- RGB=106,172,37 CMYK=64,16,100,0
- RGB=166,170,181 CMYK=40,31,23,0
- RGB=147,141,118 CMYK=50,43,54,0
- RGB=127,75,89 CMYK=58,78,56,10

6.2.2 对称方式的设计技巧——植物元素的相对对称 使空间自然而不失规整

　　植物是景观设计中较为重要的设计元素之一，由于植物自然生长的习性，因此在景观设计的过程中，左右两侧不能够完全对称，相对对称的植物元素会使空间在规整中不失变化，营造出相对轻松、自然的景观效果。

这是一款大型花园的景观设计。空间元素丰富、植物多样，层次结构饱满，并采用左右两侧相对对称的设计手法，使空间整体看上去规范而不失活跃。

这是一款住宅室外水景处的景观设计。空间以泳池的中轴为中心线，在左右两侧种植树木，相对对称的设计手法使矩形的空间看上去更加和谐统一，同时也通过自然生长的植物为空间带来一丝活跃的氛围。

配色方案

双色配色

三色配色

四色配色

佳作欣赏

6.3 曲线方式

　　曲线象征着柔和、活跃、灵动、柔美与变化感，在景观设计的过程中，将布局设置为曲线形式，通过曲线自身的变化性、连续性、不确定性和艺术性为空间创造出较强的视觉冲击力，使空间更具韵律之美。

特点：

◆ 具有较强的韵律感和节奏感。

◆ 使场地的层次感更加丰富。

◆ 使空间结构饱满。

6.3.1　曲线方式景观设计

设计理念：这是一款露天广场景观设计鸟瞰图。空间将新老建筑与成熟的自然环境相结合，打造丰富、饱满的空间效果。

色彩点评：空间以自然界植物的绿色为主色，不同种类的植物和不同的地理位置呈现的色彩各不相同，打造层次丰富、色彩多变的自然空间。

🔵 空间中无论是行进路线还是草坪上的装饰线条，均以曲线为主要的设计元素，通过不同角度曲线的结合为空间营造出活跃且柔和的氛围。

🔵 空间大部分面积均用来种植绿色植物，利用绿色植物将其他元素包围起来，营造出自然、饱满的空间氛围。

- RGB=223,218,213　CMYK=15,14,15,0
- RGB=100,115,29　CMYK=68,49,100,8
- RGB=110,92,78　CMYK=62,64,69,14
- RGB=97,87,51　CMYK=65,62,89,23

这是一款住宅区域室外花园休息处的景观设计。该座椅以线条为主要的设计元素，通过曲线的造型使其看上去更加亲切、活跃，并搭配短小的实木条和黄色的灯带作为点缀，营造出活跃而不失温馨、稳重而不失轻快的空间氛围。

- RGB=248,241,106　CMYK=10,3,67,0
- RGB=137,130,133　CMYK=54,49,42,0
- RGB=231,216,164　CMYK=14,16,41,0
- RGB=74,62,55　CMYK=71,71,74,37

这是一款公园行进路线处的景观设计。空间以曲线为主要的设计元素，在行进路线上绘制分割线，在活跃空间氛围的同时也是对简易空间的一种装饰。

- RGB=105,103,101　CMYK=66,59,57,6
- RGB=204,202,200　CMYK=24,19,19,0
- RGB=134,125,97　CMYK=56,51,65,1
- RGB=87,112,21　CMYK=72,49,100,10

6.3.2 曲线方式的设计技巧——曲线的座椅活跃空间氛围

在景观设计的休息区域中设置供人们休息的座椅，是一种较为人性化的设计手法，若在设计的过程中将曲线元素融入座椅的设计中，在为人们提供休息区域的同时也能在整体外观景观上活跃空间的气氛，使空间看起来更加活泼、生动。

这是一款广场休息区域的景观设计。在空间中摆设连续、流畅的座椅，并将其与曲线元素相结合，为简易且规整的空间营造出柔和且活跃的空间氛围。

这是一款敬老院花园处的景观设计。花园的草坪以弧形为主要的设计元素，并在花坛的周边设置供人们休息的座椅，打造活跃的人性化景观效果。

配色方案

双色配色

三色配色

五色配色

佳作欣赏

6.4 放射方式

　　放射形式的景观设计是指空间中以一个或多个点为中心点，将元素以向外发散的形式进行布置，该元素形式不限，可以是行进道路、建筑、座椅、植物等，可以在整体上为空间打造出大气、活跃、宽阔的视觉效果。

　　特点：

◆ 视野开阔。

◆ 具有主导性。

◆ 运用不当会有不安定和散漫之感。

6.4.1 放射方式景观设计

设计理念：这是一款海滩码头处的景观设计。将步道空间作为公共空间向大海延伸的区域，使自然与行进道路紧密相连。

色彩点评：空间没有采用过多的色彩进行多余装饰，通过自然界的色彩打造出温馨、惬意的视觉效果。

🔵将码头边缘处的台阶设置成向外放射式的尖角形状，向外放射式的布局使空间的视线更加开阔。

🔵通过相互垂直的线条为空间营造出尖锐、强硬的视觉效果，与柔和、宽广的大海形成鲜明的对比，具有强烈的视觉冲击力。

🔵多层台阶之间相互错落有致，使空间的氛围更加轻松、随意。

RGB=225,204,179 CMYK=15,22,30,0
RGB=84,77,30 CMYK=68,63,100,31
RGB=75,84,45 CMYK=73,59,95,27
RGB=196,145,85 CMYK=30,48,71,0

这是一款住宅综合体的景观设计鸟瞰图。空间中层层向上叠加的花坛以线条为主要的设计元素，并以同一个中心点为基准向建筑体发散，打造出活跃且具有强烈引导性的空间效果。

■RGB=131,95,67 CMYK=54,65,77,12
■RGB=211,10,215 CMYK=20,16,12,0
■RGB=160,147,111 CMYK=45,42,59,0
■RGB=41,71,91 CMYK=89,72,54,18

这是一款商业建筑室外区域的景观设计。不规则的建筑体通过两个倾斜向上的凸起点营造出向外放射的形态。绿色的植物从庭院内向上延伸出来，建筑物外侧采用玻璃材质，来往的行人可以透过玻璃观看到内侧的植物与景色。

■RGB=36,35,40 CMYK=84,80,72,56
■RGB=174,169,165 CMYK=37,32,32,0
■RGB=160,147,111 CMYK=45,42,59,0
■RGB=77,82,57 CMYK=72,61,82,27

6.4.2 放射方式的设计技巧——放射方式的建筑物丰富空间活跃性

　　建筑体是景观设计中一个重要的组成部分，以放射方式进行设计的建筑体会为空间营造出强烈的扩张感，相对于中规中矩的常规建筑设计，更容易活跃空间氛围。

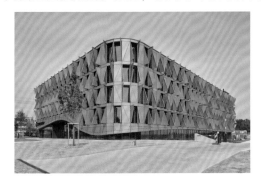

这是一款商业办公建筑室外区域的景观设计。在建筑体上装置带有微型孔径的三角形铝板立面，为空间打造出稳固且活跃的视觉效果。

这是一款住宅楼室外区域的景观设计。空间以"白色巨树"为设计主题，并利用高大的树木将建筑体进行包围，使空间的整体氛围和谐而又统一。

配色方案

双色配色

三色配色

五色配色

佳作欣赏

6.5 自由方式

自由方式的景观设计是指在整个空间中，没有固定的设计模式，摆脱死板且固有的设计布局，通过较为随意且丰富的设计样式为空间带来轻松、自由的设计效果。

特点：

◆ 没有固定的设计模式，使空间的氛围更加轻松、随意。

◆ 元素之间随意进行搭配，创造出自然的美感。

◆ 没有过多的修饰与束缚，在不经意之间成就休闲、舒适的氛围。

6.5.1 自由方式景观设计

设计理念：这是一款住宅综合体总体景观的鸟瞰图。空间以"人造岛上的阶梯式屋顶景观"为设计主题，打造海湾与港口、城市与自然之间独特的双重景观。

色彩点评：空间色彩丰富多样，纯净的白色、清新的绿色、稳重的土黄色搭配深厚的深灰色，打造丰富且沉稳的空间氛围。

❶ 空间以曲线图形为主要的设计元素，搭配矩形、多边形、三角形和一些不规则图形，打造丰富而又自然的空间氛围。

❷ 空间通过层层叠加的曲线图形元素，打造阶梯式的建筑外观，并营造出丰富的层次感与空间感。

❸ 空间的建筑采用相对对称的设计形式，使空间的整体效果丰富却不失秩序感。

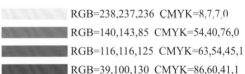

- RGB=238,237,236 CMYK=8,7,7,0
- RGB=140,143,85 CMYK=54,40,76,0
- RGB=116,116,125 CMYK=63,54,45,1
- RGB=39,100,130 CMYK=86,60,41,1

这是一款度假村日光浴平台处的景观设计。空间将线条与图形相结合，通过不规则的元素样式打造清新、自然且丰富、饱满的空间氛围。

- RGB=163,202,220 CMYK=41,13,12,0
- RGB=220,227,233 CMYK=17,9,7,0
- RGB=177,182,189 CMYK=36,26,21,0
- RGB=108,171,205 CMYK=60,24,16,0

这是一款住宅区域的鸟瞰图。空间运用了丰富的图形元素，通过柔和的曲线、流畅的直线和规整的矩形元素打造丰富且活跃的空间氛围。

- RGB=168,163,73 CMYK=43,33,82,0
- RGB=248,244,238 CMYK=4,5,8,0
- RGB=150,132,126 CMYK=49,49,47,0
- RGB=185,135,98 CMYK=34,53,63,0

6.5.2 自由方式的设计技巧——不规则的区域划分营造出自由的景观氛围

自由方式的景观设计可以通过有限的设计元素将区域进行不规则的划分，通过各式各样的不规则的区域为空间营造出自由且多样化的空间氛围。

这是一款住宅区域设计的鸟瞰图。空间通过直线线条的不规则结合创造出不同朝向的尖锐的角，为空间营造出多层次的丰富景观效果。

这是一款古城灌溉区域的景观设计。空间通过矩形、半圆形和多边形等区域营造出丰富的层次感和空间感。

配色方案

双色配色

三色配色

四色配色

佳作欣赏

6.6 矩形 + 圆形

在景观设计的过程中，矩形是规整与平稳的象征，圆形则是温和与柔顺的象征，将这两个不同的设计元素结合在一起，通过两种不同视觉效果的装饰图形之间的结合，为空间营造出和谐而又融洽的视觉效果。

特点：

◆ 不同的占比营造出不同的视觉效果。

◆ 丰富、不单一。

◆ 乱中有序，丰富而不失规整。

6.6.1 矩形＋圆形景观设计

设计理念：这是一款办公建筑室外区域设计的鸟瞰图。将不加修饰的水泥材质与自然清新的绿色植物结合在一起，打造稳重而不失自然的室外空间。

色彩点评：空间以水泥材质的深灰色为底色，在沉稳、低调的空间中种植大量的绿色植物，为色彩沉重的空间增添了一抹活跃的色彩。

① 建筑体上散布的矩形窗户在不规则的建筑体上显得格外规整，两者之间形成了强烈的对比效果，增强了空间的视觉冲击力。

② 空间中无论是建筑还是地面上的行进路线和台阶，均以矩形为主要的设计元素，因此在草地中设置圆形的花坛，在规整坚硬的空间氛围中增添温和的圆形元素对其进行中和，使空间看上去更加平稳。

③ 交叉形式的行进路线通过人性化的设计方式为空间营造出流畅的视觉效果。

- RGB=176,169,159 CMYK=37,32,35,0
- RGB=120,98,70 CMYK=59,61,76,12
- RGB=28,29,34 CMYK=86,82,74,61
- RGB=120,127,54 CMYK=62,46,95,3

这是一款住宅区域室外庭院处的景观设计。圆形的花坛、曲线形式的顶棚造型搭配矩形的台阶和花坛底座，为空间营造出和谐而又丰富的视觉效果。

- RGB=204,187,164 CMYK=25,28,35,0
- RGB=125,105,70 CMYK=57,59,78,10
- RGB=110,129,54 CMYK=65,44,97,3
- RGB=96,105,110 CMYK=70,58,52,4

这是一款室外花园装置处景观设计的鸟瞰图。采用不同直径的圆形隔断为空间增添了无限的层次感与空间感，并搭配矩形的座椅将柔和、随意的空间进行中和与沉淀。

- RGB=70,93,36 CMYK=77,55,100,22
- RGB=100,114,109 CMYK=68,53,56,3
- RGB=108,119,172 CMYK=66,54,15,0

植物是景观设计中常见的装饰元素，在设计的过程中将矩形和圆形元素作为植物的划分区域，并通过植物元素的加入，使空间的氛围更加活跃、丰富。

这是一款建筑楼外广场景观设计的鸟瞰图。大量运用矩形和圆形对空间进行装饰，每一棵树木的下方都有两层矩形装饰块，并将桌子设置为圆形，使空间区域的划分更加明显。

这是一款旧钢厂改造成广场的景观设计。将座椅和植物区域都划分为矩形，使整个空间看上去更加规则、整齐，并配以圆形的垃圾桶对空间进行点缀，可以活跃较为死板的气氛。

配色方案

双色配色

三色配色

四色配色

佳作欣赏

6.7 曲线图形 + 圆形或矩形

柔和的曲线在景观设计中是一种较为常见的装饰元素，它能够为空间打造出平滑而又流畅的视觉效果，因此在设计的过程中，将其作为一个基本的装饰元素，再搭配其他不同风格的元素，可以创造出不同的视觉效果。

特点：

◆ 空间更具流畅感。

◆ 设计效果丰富、饱满。

◆ 区域划分更加明显。

6.7.1 曲线图形＋圆形或矩形景观设计

设计理念：这是一款建筑居民楼花园处的景观设计。空间整体氛围通透、丰满，打造出了令人心驰神往的花园景观。

色彩点评：空间色彩丰富，将地面设置为月光白与深灰色，营造出低调而又温馨的空间氛围，搭配浓郁的重褐色隔断，为空间增添了一丝温暖的气氛。

🌑 空间以曲线为主要的设计元素，无论是花坛内植物的造型，还是地面上的色块，均以曲线形式进行呈现，使整个空间看上去浪漫而又活跃。

🌑 在曲线的空间中陈列着大量的矩形色块，通过两者之间的结合使空间的整体效果饱满而又和谐。

RGB=145,150,157 CMYK=50,38,33,0
RGB=231,227,215 CMYK=12,11,16,0
RGB=91,109,50 CMYK=71,51,98,11
RGB=161,90,40 CMYK=42,73,97,6

这是一款办公楼外花园处的景观设计。空间以曲线为主要的设计元素，无论是花园整体的造型，还是在花坛之内的休息区域，大幅度曲线为空间营造出浪漫而又活跃的空间氛围。搭配圆形和星星的装饰物，进一步突出空间浪漫的主题。

RGB=70,78,4 CMYK=74,60,100,32
RGB=143,110,80 CMYK=51,60,72,5
RGB=183,168,147 CMYK=34,34,42,0
RGB=216,214,216 CMYK=18,15,13,0

这是一款广场内聚会场所的景观设计。将座椅设置成曲线形式，并以矩形的实木条进行填充，搭配圆形的花盆和座椅上的造型，通过柔和的曲线元素在无形之间拉近了人与人之间的距离。

RGB=205,152,87 CMYK=25,46,70,0
RGB=2,67,99 CMYK=97,78,49,13
RGB=131,115,189 CMYK=59,58,0,0
RGB=177,154,88 CMYK=39,40,72,0

6.7.2 曲线图形 + 圆形或矩形的设计技巧——不同占比产生的不同效果

在曲线的基础上搭配不同的设计元素所打造出来的效果是各不相同的。例如，在搭配圆形图形时，会进一步渲染出空间轻柔、梦幻的视觉效果；如果与矩形相搭配，通过不同的占比，会在不同程度上中和空间平缓的气氛，为空间增添一丝规整的视觉效果。

这是一款展览空间处的景观设计。空间将曲线图形和矩形元素都集中在展览品之上，大量的矩形图形搭配少量的曲线图形，营造出平稳又不失活泼的空间氛围。

这是一款住宅外观局部的景观设计。将建筑和花坛均设置为曲线，并在花坛的右侧搭配矩形的图形块，在低调、柔和的空间中增添了一丝平稳的氛围。

配色方案

双色配色

三色配色

四色配色

佳作欣赏

不规则图形在景观设计中是一种不确定因素，因此在空间中能够起到活跃氛围的作用，并在设计的过程中搭配圆形或矩形作为点缀，通过搭配元素的呈现，展现出不同的视觉效果。

特点：

◆ 空间整体氛围活跃、饱满。

◆ 能够摆脱空旷的布局效果。

◆ 不规则的图形使空间充满趣味性。

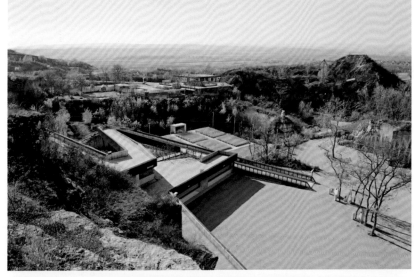

6.8.1 不规则图形 + 圆形或矩形景观设计

设计理念：这是一款娱乐广场景观设计的鸟瞰图。空间以"多样性"和"热情"为设计理念，通过丰富的设计元素和活跃的暖色调与主题呼应。

色彩点评：空间以鲜艳的红色为主色，在空间中搭配鲜活的橙色和青翠的绿色，营造活跃而又热情的空间氛围。

❶空间以不规则的多边形为主要的设计元素，由于其充满变化，使空间看起来更加丰富饱满，活泼生动。

❷将矩形作为装饰元素用于点缀空间，使其能够对过于活跃的空间氛围进行中和，以避免杂乱的视觉效果。

RGB=252,79,77 CMYK=0,82,62,0

RGB=202,101,48 CMYK=21,72,85,0

RGB=107,177,84 CMYK=63,13,82,0

RGB=168,143,115 CMYK=42,45,56,0

这是一款住宅区域室外行进路线处的景观设计。通过不规则图形将空间的区域进行划分，并配以少许的矩形对空间进行点缀，打造出规整且不失变化的室外空间效果。

RGB=139,160,203 CMYK=51,34,9,0

RGB=192,157,110 CMYK=31,41,60,0

RGB=165,135,127 CMYK=43,50,46,0

RGB=95,101,64 CMYK=68,56,84,15

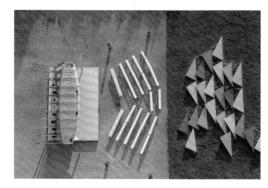

这是一款游乐场艺术展示区域的景观设计。将展示区划分为两个不等比的矩形区域。空间采用不规则图形搭配三角形和矩形，打造出稳定、规整的空间效果。

RGB=148,140,129 CMYK=49,44,47,0

RGB=77,82,20 CMYK=73,60,100,29

RGB=220,189,151 CMYK=18,29,42,0

RGB=213,111,209 CMYK=20,16,16,0

6.8.2 不规则图形 + 圆形或矩形的设计技巧——暖色调的应用使氛围更加温馨

不规则的图形通过其活跃的属性能够使空间的氛围更加活跃，若搭配暖色调的色彩，则能够使空间整体效果更加热情、活跃。

这是一款休闲广场处的景观设计。将休息的座椅设置为具有三个凸起的不规则图形，能够供更多的人休息，搭配纵向立体的矩形块和远处鲜红色的装置，打造热情且人性化的空间效果。

这是一款博物馆室外区域的景观设计。建筑体以曲线为主的不规则图形搭配大面积的暖色调矩形块，在规整、平稳的空间中增添了一丝活跃与温和，并以曲线对行进路线进行设计，使空间的氛围更加温暖、柔和。

配色方案

双色配色　　　三色配色　　　四色配色

佳作欣赏

第 7 章　景观设计的秘籍

景观设计是一种将美学、文化、绿化及周围环境结合在一起的较为复杂的多方面设计，因此在设计的过程中，少不了一些技巧的应用，通过合理化的设计原理和理念，打造出美观且人性化的景观效果。

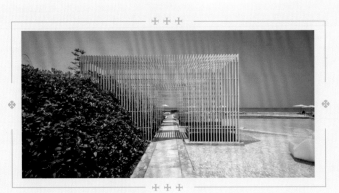

7.1 将景观立体化

　　景观设计并不是一味地在平地上进行设计与装饰，在设计的过程中，要充分利用不同的地理条件，或将不同区域的景观的高度区分开来，使空间整体立体化，增强空间本身的层次感与空间感。

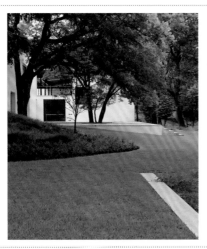

　　这是一款庄园草坪与林地处的景观设计。

- 空间通过一系列窄窄的混凝土墙将草坪与林地进行分割，使空间分工明确。
- 在平静的草地中设有渐变凸起的小山坡，增强了空间的层次感，使空间整体看上去更加立体化。
- 在地面上设有笔直的白色标识，与远处墙体的颜色相互呼应，营造出和谐而又统一的空间氛围。

　　这是一款住宅庭院台阶处的景观设计。

- 空间通过条状的玄武岩台阶定义出山坡的梯度。
- 紫藤的枝叶沿着混凝土墙壁横向地遍布开来。
- 地面上不规则的石阶为空间营造轻松、活跃的氛围。

　　这是一款居住区庭院休息处的景观设计。

- 将粗壮的树木和大小不一的石头元素放置在倾斜的山坡之上，通过不同的角度和地理位置使空间的景观更加立体化。
- 泳池内的水清凉、平静，将橡树和石头元素进行倒映，使空间看上去更加开阔。

7.2 人性化的设计手法——在空间中设置休息区域

人类是景观设计重要的受众，因此在设计的过程中要秉着以人为本的设计理念，为了使人们在欣赏景观的时候能够有着更加舒适的体验，在空间中设置休息区域，通过人性化的设计方式增强空间的体验感。

这是一款居住区庭院休息区域的景观设计。

- 在室外修建体系完善的休息区域，通透的空间使休息区域与室外景观紧密相连，使两者合二为一。
- 带有柳条顶棚的金属廊架不仅为下方提供了荫蔽，同时和定制的混凝土火炉一起明确了室外用餐区和起居室。

这是一款居住区室外休息区域的景观设计。

- 将休息座椅设置在空旷的场地之中，两个座椅采用相对的陈列方式，更加方便人与人之间的沟通。
- 蜿蜒的草灌分界线巧妙地与周围的植被融为一体，打造出层次丰富的室外美景效果。

这是一款葡萄园里的住宅室外休息区域的景观设计。

- 在室外休息区域设置休闲舒适的座椅和样式简洁的遮阳伞，打造温馨惬意、淳朴自然的室外休息区域。
- 采用石灰石材质铺设道路，与周围的元素融合在一起，营造出清凉且温馨的氛围。

曲线是景观设计师偏爱的设计元素，不同于直线的现代感与稳定感，曲线元素柔和、优美，看上去活泼且具有韵律感，会让人们自然而然地联想到河流和蜿蜒的地形等，具有较为强烈的心理暗示。

这是一款公寓住宅室外休息观赏区域的景观设计。

● 空间以曲线为主要的设计元素，花坛的造型蜿蜒婉转，营造出柔和、流畅的空间氛围。
● 该区域将大面积的空间用来种植自然的植物，营造出清新、自然的空间氛围。

这是一款海湾工程景观设计的鸟瞰图。

● 蜿蜒的曲线道路使整个空间看上去更加流畅、自然，营造出轻松、柔和的空间氛围。
● 空间植物种类丰富，色彩多变，配以建筑之上红色系的装饰物，通过色彩的对比营造出强力的视觉冲击力。

这是一款花园内风景观赏处的景观设计。

● 在低矮的草地中设有以曲线为主要设计元素的柔和、蜿蜒的观赏行进路线，打造出温馨而又和谐的景观效果。
● 植物元素风格一致、整齐划一，使空间看上去更加规整有序。

7.4 水景的设置——使空间动静结合

　　自古以来，人们都倾向择水而居，由此可见景观设计中水元素的重要性。在设计的过程中，水元素的加入能使空间动静结合，并能够轻易地与周围的景色融合，起到组织空间、明确游览路线、活跃氛围等作用。

　　这是一款大地园区水景区域的景观设计。

- 以柔和的曲线草地为分割线，在草地的左右两侧分别是平静、安宁的水面，经过微风的吹拂，打造动静结合的空间效果。
- 远处的草地景观层层叠加，层次感丰富，空间的整体氛围更加活泼、生动。

　　这是一款室外泳池区域的景观设计。

- 空间整体氛围清爽、自然，将休息区域与泳池紧密相连，打造清爽、惬意且极具功能性和吸引力的休闲区域。
- 曲线的设计元素使平静的空间看上去更加柔和、生动。

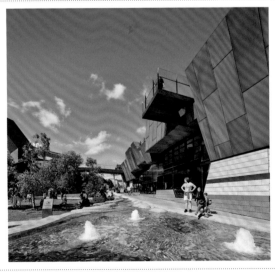

　　这是一款广场喷泉区域的景观设计。

- 向上喷涌的喷泉是空间中唯一的富有动感的元素，洒落下来的水落在水池中荡起层层涟漪，使空间动静结合。
- 空间将场地、人、生物和景观等元素融合在一起，营造和谐且活跃的空间氛围。

7.5 少用石材多用木材——营造温馨自然的空间氛围

石质材质透过其坚硬的外表为空间打造强硬而又结实的视觉效果，因此在景观设计的过程中，应尽量多采用木质材质，柔和而又温馨的木质材质相较于石质材质，更容易为空间营造出舒适、惬意的空间氛围。

这是一款别墅户外露台处的景观设计。

- 空间设置了多个供人们休息的休闲躺椅，并在躺椅下方设置矩形的木质底板，其材质与远处的遮阳棚呼应，整体营造出和谐而又温馨的空间氛围。
- 在躺椅与躺椅之间放置了木质的置物台，通过不加修饰的独特样式使空间的氛围更加自然。

这是一款住宅室外休闲区域的景观设计。

- 空间以木质材质为主要的设计元素，将门框、地面、桌椅等元素均设置为木质材质，营造出自然而又温馨的空间氛围。
- 该空间被丰富的植物元素所包围，清新秀丽，使人有身临大自然之感。

这是一款酒店户外庭院处的景观设计。

- 空间的地面、花坛和周围的座椅均以木质材质为主要的设计元素，并通过纵向的木条加深空间的纵深感，使空间整体看上去更加宽阔。
- 在黑色座椅的中心处种植了高大的树木对空间进行装饰，同时还能够起到遮阳与乘凉的作用，使空间看上去更加亲切、自然。

7.6 设计元素通透不死板——使视线更加开阔

通透的设计元素会使整个空间看上去更加开阔舒畅，因此在景观设计的过程中，无论室外空间宽阔与否，在装饰元素的选择上，通透、不死板都应作为首要的条件进行考虑，有助于创造出视线开阔、使人身心舒畅的景观效果。

这是一款住宅室外花园处的景观设计。

- 在花园中设有一个独特的口袋空间，将钢质的门框设置成为路径终点，通透的中心处使空间整体看上去更加开阔。
- 层次丰富的绿色植物疏密有致，使空间饱满却不拥挤。

这是一款住宅室外庭院处的景观设计。

- 通过弧形玻璃墙围合而成的内庭院，宽敞通透，玻璃材质为空间营造出强烈的透视感。
- 整个空间以弧形为主要的设计元素，弧形的线条和透光性极强的玻璃材质将室内外空间紧密相连，营造出和谐而又温馨的空间氛围。

这是一款花园街室外装置处的景观设计。

- 在空间中以同一个顶点规划了一个倒置的锥形空间，通过以均等距离相隔的木条元素使空间看上去通透、自然。
- 随着观看的距离和角度的变化，人们会看到不一样的风景，利用角度、距离与景观之间的变化打造出丰富多变的景观效果。

7.7 展示区域小巧精致——集中受众的视线

　　景观设计的重点在于景观的突出和展示，因此在设计的过程中，小巧而精致的展示区域能够在宽敞的空间中集中受众的注意力，以达到重点突出的作用。

　　这是一款住宅庭院水池处的景观设计。

- 在宽敞的空间中设置边缘界限清晰的水池景观，并在景观中少量地设置样式奇特的石头进行装饰，精致的景观效果在宽敞的空间中更能吸引受众的注意力。
- 空间采用相对对称的设计手法，使空间整体看上去更加规整有序。

　　这是一款独栋住宅室外的景观设计。

- 在建筑的下方设置三条界限分明的绿化地带，精致集中而又相对分散的三组花坛使空间整体看上去更加整齐划一，同时将三组绿化区域并排陈列，更容易集中受众的注意力。
- 建筑外观采用镜面材质，在创造通透的空间氛围的同时，也能将对面的景观进行反射，使空间看上去更加丰富饱满。

　　这是一款办公住宅室外庭院处的景观设计。

- 采用流畅的线条将空间划分成为多个多边形区域，并选取其中的两个多边形区域种植低矮的绿色植物，使该两个模块在平稳的地面上格外显眼。
- 凸起的多边形花坛在形状上与地面相呼应，使空间的整体氛围和谐而又统一。

7.8 植物要有延伸感——将空间紧密相连

　　植物是景观设计中最为常见的设计装饰元素，由于其自然生长的习性，以至于其生长样式各不相同，因此在设计的过程中，让植物在一定范围内不加修饰地自由生长，使空间具有向外的延伸感，将内外空间紧密相连。

　　这是一款豪华别墅室外区域的景观设计。

● 室外空间以郁郁葱葱的绿色植物为主要的装饰元素，结构饱满、层次丰富，高大的树木沿着右侧的墙壁向外无限延伸，将室内外的空间紧密相连。

● 低矮的植物在空间中构成的相互平行或垂直的行进路线，使空间整体看上去更加规整。

　　这是一款住宅区室外庭院处的景观设计。

● 高大的树木从根部延伸至建筑的上方，使空间整体看上去丰富而又活跃。

● 主建筑和车库位于景观下方，周边点缀着美国红枫、白桦、冷杉，以及蕨类和蓝莓等植物，打造自然、温馨的景观效果。

　　这是一款展馆画廊室外区域的景观设计。

● 低矮的建筑被宽敞的草坪所围绕着，周围种植的高大的树木将其隐藏在树林之中，使空间的整体效果更加宽阔。

● 空间中的建筑以线条和图形为主要的设计元素，纵向的线条为空间带来强烈的纵深感，并配以矩形对其进行中和，使空间看上去更加和谐统一。

暖色系的配色方案能够为空间营造出热情、温馨、浪漫等视觉效果，因此在设计的过程中，暖色系的应用能够使空间的氛围更加亲切，拉近受众与景观之间的距离感，使人们身心舒畅。

这是一款住宅室外住宅区域的景观设计。

● 将空间中水池的底色设置为温暖的红色，并将远处的建筑设置成与之相同的色彩，在不同之处采用相同的暖色调对空间进行装饰，使空间整体具有和谐统一之感，同时也营造出了温暖而又亲切的空间氛围。

这是一款室外广场装置区域的空间设计。

● 将装置元素设置为鲜艳而又浪漫的红色，在平稳的空间中显得格外显眼。
● 空间以弧形装置为主要的装饰元素，使空间的整体氛围热情而又活跃。

这是一款广场艺术装置处的景观设计。

● 将装置元素设置成为浪漫、柔和的粉红色，使其在沉稳的空间中格外显眼，并为受众带来温馨而又浪漫的视觉感受。
● 旋转的曲线元素使空间整体看上去更加热情、柔和。

7.10 对比色的配色方案——创造出强烈而醒目的美感

　　对比色是指在 24 色相环上相距 120°～180° 的两种颜色，由于对比效果较为强烈，因此会产生强烈的视觉冲击力，使景观更容易受到人们的关注，创造出强烈而醒目的美感。

　　这是一款幼儿园户外活动区域的景观设计。

● 采用红色和蓝色这组对比色对宽敞的空间进行装饰，为温馨平稳的空间营造出强烈的视觉冲击感受。
● 在每一个圆形的蓝色区域都种植一棵清新的小树，在装点空间的同时也使空间的氛围更加活跃。

　　这是一款银行办公建筑室外的景观设计。

● 空间色彩缤纷、跳跃，红色与绿色、蓝色与红色、黄色与蓝色等均是对比色，通过色彩之间相互的搭配为空间营造出强烈的视觉冲击感受。
● 在深浅不一的立方体之中种植绿色植物，与户外相对高大的植物相呼应，使空间的整体氛围和谐而统一，同时也为空间营造出清新、欢快之感。

　　这是一款办公建筑室外庭院处的景观设计。

● 空间采用低饱和度的红色、绿色和蓝色的花盆对空间进行装饰，对比强度相对较弱，却在无形之中使空间更加和谐统一。
● 在空间的上方采用均等间隔的实木木条，该元素不仅是对上方空间的装饰，通过阳光的照射，光与影的结合，也对地面空间进行了点缀。

7.11 同色系的配色方案——营造出淡雅、和谐的空间氛围

　　同色系是指色相相同，但明度和纯度各不相同的颜色，在景观设计中，同色系的配色方案更加注重颜色深深浅浅的变化，通过色彩之间平稳的过渡为空间营造出和谐而又柔和的氛围。

　　这是一款植物园洞穴处的景观设计。

● 空间中绿色系的灯光和座椅与植物的颜色相呼应，在沉稳的深灰色水泥材质中显得格外清新、自然。
● 空间布局疏密有致，两组供人们休息的座椅排列相对较远，保证了每一桌休息人群的私密性。

　　这是一款艺术创造中心室外庭院休息区域的景观设计。

● 将建筑体与休息的座椅均设置为黄色系，为空间营造出温馨而又和谐的氛围。
● 空间整体设计精致前卫，以图形为主要的设计元素，在庭院处放置了两个供人们休息的多边形座椅，其形状与建筑物本身交相辉应。

　　这是一款幼儿园室外庭院区域的景观设计。

● 不同功能的空间组合在一起，最终形成了矩形的空间，千变万化的自然光线和丰富的粉红色系让这个方形空间如同万花筒般多彩。
● 建筑物内部层次丰富。处于建筑物中央部位的核心空间十分开阔，哑光和光面的颜色在这里和谐共处，让空间越发丰满。

7.12 相对对称的设计手法——使空间和谐统一

空间相对对称是一种较为常见的设计手法，为空间营造出庄严感、正式感，安静感、平衡感，气质完美，整体氛围和谐统一。

这是一款室外花园处的景观设计。

- 空间采用对称式的设计手法，以水渠的中心处为整个空间的中心线，左右两侧的装饰元素相对对称，使空间的整体氛围平和、安稳。
- 空间通过水渠将一系列水池和喷泉连接起来，并贯穿整个空间，营造出清新、自然的空间氛围。

这是一款墓园通往海景处的景观设计。

- 空间整体效果相对对称，营造出庄严、正式之感。
- 近处的简易围栏和远处巨大的骨骼形成层次丰富的空间效果。巨大的骨骼框出壮观的海景，并将海景与岸边的景色紧密相连。

这是一款大学校园内草坪处的景观设计。

- 空间将草坪均等地分为三个部分，以中间带有扶手的区域为中心，左右两侧相对对称，使空间整体效果看上去和谐而又平整。
- 空间中植物的种类多样、层次丰富，营造出了良好的生态环境。

7.13　硬边缘的装饰元素——使空间更加模块化

　　硬边缘的装饰元素是指界限分明、棱角突出、相互垂直或平行的元素，在景观设计的过程中，硬边缘的设计元素会为空间打造出强硬、坚固的视觉效果，同时也能够使整个空间看上去更加规整有序，充满模块化。

　　这是一款啤酒厂室外用餐区域的空间设计。

● 利用黑色铁质矩形框对空间的区域进行划分，并在上方采用黑色的细线对三组矩形框进行分割和连接，使空间规则整齐、区域分明。
● 将用餐区域设置在室外，并将遮阳伞和座椅均设置成黑色，与矩形的框架呼应，使空间的整体氛围和谐而又统一。

　　这是一款校园内庭院和水景处的景观设计。

● 空间以室外水景为分界线，通过左右两侧硬边缘的线条和建筑上凸起的棱角打造出规整且坚固的视觉效果。
● 在空间的左右两侧将树木整齐地进行排列，并在空间中大量地采用直线线条和矩形元素，营造严谨却不失自然的空间氛围。

　　这是一款丛林旅店室外庭院区域的景观设计。

● 将方方正正的矩形元素与台阶结合在一起，坚硬的石质材质与棱角分明的矩形元素，搭配矩形的建筑体，为空间打造出端正而又规范的视觉效果。
● 建筑周围的植物自由生长，疏密有致，有助于缓解空间中严谨的氛围，使整体效果更加和谐、亲切。

7.14 若隐若现的表现手法——营造无尽之感

　　如果在空间中设置过多的装饰元素，或者将所有的装饰元素都作为重点来突出，那么将会使整个空间变得拥挤，同时也会引起受众的视觉疲劳，因此若隐若现的设计手法更加有助于装饰元素重点的突出，通过神秘的"不可见"元素为空间营造出不尽之感。

　　这是一款农场道路区域的景观设计。

● 将曲线线条元素融入建筑物的外轮廓，用来引导受众的视线，远处若隐若现的树林景观使空间看上去更加自然。
● 通过光与影的结合将树木与叶子的间隙投射在地面之上，使空间的氛围更加活跃、生动。

　　这是一款住宅过道区域的景观设计。

● 沿着长长的道路在左右两侧种植了茂密的树木，通过蜿蜒的道路使远处的景观若隐若现。
● 凹凸起伏的道路使整个空间看上去更加活跃。

　　这是一款生态旅游景点庭院处的景观设计。

● 在空间中种植种类丰富、色彩缤纷的植物，通过疏密有致的布局方式使受众能够透过近处的树木隐约地看到远处的景色，若隐若现的表现手法使空间更具清新、自然之感。
● 本土野生花卉与草本植物不仅加深了游客对区域景观风貌的认识，也让他们领略到自然原始之美。